中等职业学校数控技术应用专业改革发展创新系列教材

CAXA 制造工程师实训教程

主 编 刘 祥 许 莉

副主编 戴璨伟

中国铁道出版社
CHINA RAILWAY PUBLISHING HOUSE

内 容 简 介

本书为中等职业学校数控技术应用专业改革发展创新系列教材，详细阐述了最新 CAXA 制造工程师 2011 的各项功能，并结合实例详细讲解了软件的具体操作过程，着重介绍使用 CAXA 制造工程师 2011 完成复杂零件或模具的实体造型及其数控铣削加工编程的方法。

本书可作为 CAXA 制造工程师用户的培训教程，也可作为各类大专院校计算机辅助设计/制造（CAD/CAM）课程的辅助教学资料。

图书在版编目（CIP）数据

CAXA 制造工程师实训教程/刘祥, 许莉主编. —北京：中国铁道出版社, 2012.9

中等职业学校数控技术应用专业改革发展创新系列教材

ISBN 978-7-113-14875-1

Ⅰ. ①C… Ⅱ.①刘… ②许… Ⅲ.①数控机床－计算机辅助设计－应用软件－中等专业学校－教材 Ⅳ.①TG659

中国版本图书馆 CIP 数据核字（2012）第 192485 号

书　　名：**CAXA 制造工程师实训教程**
作　　者：刘　祥　许　莉　主编

策　　划：陈　文	读者热线：400-668-0820

责任编辑：李中宝
编辑助理：赵文婕
封面设计：刘　颖
责任印制：李　佳

出版发行：中国铁道出版社（100054，北京市西城区右安门西街 8 号）
网　　址：http://www.51eds.com
印　　刷：北京昌平百善印刷厂
版　　次：2012 年 9 月第 1 版　　　　2012 年 9 月第 1 次印刷
开　　本：787 mm×1 092 mm　1/16　　印张：12　字数：290 千
印　　数：1～3 000 册
书　　号：ISBN 978-7-113-14875-1
定　　价：25.00 元

前　　言

本书根据"CAXA制造工程师"标准培训大纲及劳动部"数控工艺员"培训大纲要求，由常年在中职教育一线的教师组织编写，详细阐述了CAXA制造工程师2011的各项应用功能，并结合实例详细讲解了软件的具体操作过程，着重介绍了使用CAXA制造工程师完成复杂零件或模具3D造型及其数控加工编程的方法。

本书主要有如下特点：

- 体现"教、学、做"一体的职业技术教育思想。本着"实用为本、够用为度"的原则，充分体现项目引领、任务驱动的教学理念，以典型的技术项目为载体，搭建课程的理论教学和实践教学平台，把实施技术项目作为目标任务来引领课程教学，在完成典型技术项目过程中实现课程目标。
- 结合大量编程实例，逐步增加编程所用代码以及加工零件难度，对加工工艺的安排也是按照由浅入深的原则进行。

全书教学内容及参考学时安排如下：

项　目	内　容		参考学时
项目一　CAXA制造工程师2011简介	任务一	CAXA 2011自动编程的基本步骤	2
	任务二	熟知CAXA 2011特点与操作界面	1
	任务三	CAXA接口技术（各软件图纸的转化）	1
项目二　曲线命令	任务一	二维线架造型	4
	任务二	三维线架造型	4
	任务三	几何变换	4
	任务四	绘制图形	2
项目三　曲面造型	任务一	各曲面造型的操作方法	4
	任务二	曲面编辑	4
	任务三	鼠标的造型	2
项目四　数控加工	基本概念、参数设置及功能		2
项目五　零件一的造型与加工	零件造型		4
	零件加工		4
	后置处理		2
项目六　零件二的造型与加工	零件造型		4
	零件加工		4
	后置处理		2

项　　目	内　　容	参考学时
项目七　零件三的造型与加工	零件造型	4
	零件加工	4
	后置处理	2
项目八　零件四的造型与加工	零件造型	4
	零件加工	4
	后置处理	2

　　本书由刘祥、许莉任主编，由戴瓅伟任副主编。项目一、二、四、五由刘祥编写，项目三由戴瓅伟编写，项目六、七、八由许莉编写。

　　本书由安徽机电职业技术学院马进中教授主审。他对本书提出了很多宝贵意见，在此表示衷心地感谢。

　　由于编者水平有限，书中难免有不妥之处，敬请读者批评指正。

编　者
2012 年 3 月

目　　录

项目一　CAXA 制造工程师 2011 简介

● 项目引言

CAXA 制造工程师 2011 集成了数据接口、几何造型、加工轨迹生成、加工过程仿真检验、数控加工代码生成和加工工艺清单生成等一整套数控编程功能。在学习 CAXA 制造工程师 2011 之前，先要对其进行认识和了解。

● 能力目标

1. 熟知 CAXA 制造工程师 2011 自动编程的基本步骤。
2. 熟知 CAXA 制造工程师 2011 特点与操作界面。
3. 了解 CAXA 制造工程师 2011 数据接口。

任务一　熟知 CAXA 制造工程师 2011 功能与操作界面

任务描述：

了解 CAXA 制造工程师 2011 的启动方法，重点要熟悉菜单和工具栏中各按钮的含义及作用。

一、功能简介

CAXA 制造工程师 2011 是在 Windows 环境下运行的 CAD/CAM 一体化的数控加工编程软件。软件集成了数据接口、几何造型、加工轨迹生成、加工过程仿真检验、数控加工代码生成和加工工艺清单生成等一整套面向复杂零件和模具的数控编程功能。

（一）实体曲面结合

1. 方便的特征实体造型

采用精确的特征实体造型技术，可将设计信息用特征术语来描述，简便而准确。通常的特征包括孔、槽、型腔、凸台、圆柱体、圆锥体、球体、管子等，CAXA 制造工程师 2011 可以方便地建立和管理这些特征信息。

先进的"精确特征实体造型"技术完全抛弃了传统的体素拼合和交并差的烦琐方式，使整个设计过程更加直观、简单。

实体模型的生成可以用增料方式，通过拉伸、旋转、导动、放样或加厚曲面来实现，也可以通过减料方式，从实体中减掉实体或用曲面裁剪来实现，还可以用等半径过渡、变半径过渡、倒角、打孔、增加拔模斜度和抽壳等高级特征功能来实现。

2. 强大的 NURBS 自由曲面造型

CAXA 制造工程师 2011 继承和发展了其旧版本的曲面造型功能。从线框到曲面，提供了丰富的建模手段。通过列表数据、数学模型、字体文件及各种测量数据生成样条曲线；通过扫描、放样、拉伸、导动、等距、边界网格等多种形式生成复杂曲面。可以对曲面进行裁剪、过渡、拉伸、缝合、拼接、相交、变形等操作，建立任意复杂的零件模型，以立体模型图的方式直观显示设计结果。

3. 灵活的曲面实体复合造型

基于实体的"精确特征造型"技术，使曲面融入实体中，形成统一的曲面实体复合造型模式。利用这一模式，可实现曲面裁剪实体、曲面生成实体、曲面约束实体等混合操作，是用户设计产品和模具的有力工具。图 1-1 和图 1-2 所示为生成的实体模型。

图 1-1　望远镜模型

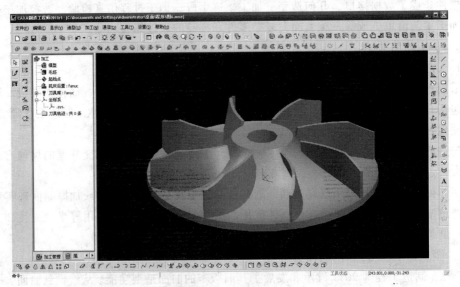

图 1-2　叶轮模型

（二）优质高效的数控加工

CAXA 制造工程师 2011 快速高效的加工功能涵盖了从两轴到三轴的数控铣床功能，同时增加了四轴和五轴加工的功能模块。CAXA 制造工程师 2011 将 CAD 模型与 CAM 加工技术无缝集成，可直接对曲面、实体模型进行一致的加工操作。支持先进实用的轨迹参数化和批处理功能，明显提高工作效率；支持高速切削，大幅度提高加工效率和加工质量。通用的后置处理可向任何数控系统输出加工代码。

1. 两轴到三轴的数控加工功能

（1）两轴到两轴半加工方式的特点：可直接利用零件的轮廓曲线生成加工轨迹指令，而无须建立三维模型；提供轮廓加工和区域加工功能，加工区域内允许有任意形状和数量的岛；可分别指定加工轮廓和岛的拔模斜度，自动进行分层加工。

（2）三轴加工方式的特点：多样化的加工方式可以安排从粗加工、半精加工到精加工的加工工艺路线。

2. 支持高速加工

支持高速切削加工工艺，提高产品精度，降低代码数量，使加工质量和效率大大提高。

3. 参数化轨迹编辑和轨迹批处理

CAXA 制造工程师 2011 的"轨迹再生成"功能可实现参数化轨迹编辑。用户只需要选中已有的数控加工轨迹，修改原定义的加工参数表，即可重新生成加工轨迹。

CAXA 制造工程师 2011 可以先定义加工轨迹参数，而不立即生成轨迹。工艺设计人员可先将大批加工轨迹参数事先定义而在某一集中时间批量生成，便于合理地优化工作时间。

4. 加工工艺控制

CAXA 制造工程师 2011 提供了丰富的工艺控制参数，可以方便地控制加工过程，使编程人员的经验得到充分的运用。

5. 加工轨迹仿真

CAXA 制造工程师 2011 提供了轨迹仿真手段以检验数控代码的正确性。可以通过实体真实感仿真模拟加工过程，展示加工零件的任意截面，显示加工轨迹。

6. 通用后置处理

CAXA 制造工程师 2011 提供的后置处理器，无须生成中间文件即可直接输出 G 代码控制指令。系统不仅可以提供常见的数控系统的后置格式，用户还可以定义专用数控系统的后置处理格式。

（三）新技术的知识加工

CAXA 制造工程师 2011 专门提供了"知识加工"功能，针对复杂曲面，为用户提供一种零件整体加工思路，用户只须观察零件整体模型是平整还是凹凸，运用优秀工程师的加工经验，就可以快速地完成加工过程。优秀工程师的编程和加工经验是依靠知识库的参数设置来实现的。知识库参数的设置应由有丰富的编程和加工经验的工程师来完成，设置好后可以存为一个文件，文件名可以根据自己的习惯进行设置。有了知识库加工功能，可以使经验丰富的编程者的工作更加轻松，而初学的编程者可以直接利用已有的加工工艺和加工参数，很快地学会编程，先进行加工，再进一步地深入学习其他的加工功能。

（四）Windows 界面操作

CAXA 制造工程师 2011 基于计算机平台，采用原创 Windows 菜单和交互的全中文界面，可使操作者轻松流畅地学习和操作，并全面支持英文、简体中文和繁体中文的 Windows 系统环境，具备流行的 Windows 原创软件特色，支持用户自定义图标菜单、工具条和快捷键，用户可自由创建符合自己习惯的操作环境。

二、界面介绍

用户界面（简称界面）是交互式 CAD/CAM 软件与用户进行信息交流的中介。系统通过界面反映当前信息状态将要执行的操作，用户按照界面提供的信息做出判断，并经由输入设备进行下一步的操作。

图 1-3 所示的 CAXA 制造工程师 2011 的用户界面和其他 Windows 风格的软件相似，各种应用功能通过菜单和工具条驱动；状态栏指导用户进行操作并提示当前状态和所处位置；特征/轨迹树记录了历史操作和相互关系；绘图区显示各种功能操作的结果；同时，绘图区和特征/轨迹树为用户提供了数据的交互的功能。

制造工程师工具条中每一个按钮都对应一个菜单命令，单击按钮和选择菜单命令是完全一样的。

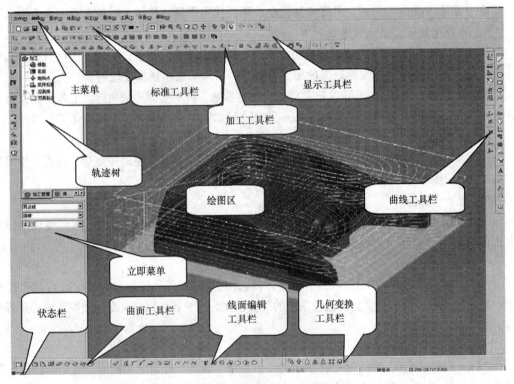

图 1-3　CAXA 制造工程师 2011 用户界面

任务二　CAXA 制造工程师 2011 数据接口

任务描述：

CAXA 制造工程师 2011 是一个开放的设计/加工工具，提供了丰富的数据接口，它们包括直接读取三维 CAD 软件（CATIA、Pro/E）的数据接口；基于曲面的 DXF 和 IGES 标准图形接口，基于实体的 STEP 标准数据接口；Parasolid 几何核心的 X-T、X-B 格式文件；ACIS 几何核心的 SAT 格式文件；面向快速成形设备的 STL 以及面向 Internet 和虚拟现实的 VRML 等接口。这些接口保证了与 CAD 软件进行双向数据交换，使企业可以跨平台、跨地域与合作伙伴实现虚拟产品的开发和生产。

用户在使用 CAXA 制造工程师 2011 软件时，常需要接收客户提供的三维数字模型。CAXA

制造工程师 2011 提供了丰富的数据接口格式，可以接收和转出各种格式的数据文件。数据接口功能通过选择主菜单中的"文件"→"数据接口"命令进行操作，如图 1-4 所示。

运行"数据接口"功能后，系统会弹出"CAXA 制造工程师——零件设计"模块。

打开一个零件（参考 CAXA 制造工程师零件设计手册文档）。然后单击"模型输出"按钮，输出完成后，出现提示信息，单击"否"按钮完成模型输出。

CAXA 制造工程师—— 零件设计支持如下格式的数据：

*.sat：ACIS 零件格式；

.x_t,.xmt_txt：PARASOLID 零件格式；

*.stp：STEP（ap203）零件格式；

*.igs：IGES 文件格式；

*.ics：CAXA 实体设计文件格式；

.stl,.sla：STL 文件格式；

*.wrl：VRML 文件格式；

*.prt：Pro/E 零件格式；

*.asm：Pro/E 2001 装配件格式；

*.neu：Pro/E 中性文件格式气；

*.g：Granite One 文件格式；

*.model：CATIA model 文件格式；

*.prj,*3ds：3D Studio 文件格式。

详细使用说明请参考"CAXA 制造工程师——零件设计"手册。

图 1-4　选择"数据接口"命令

任务三　CAXA 制造工程师 2011 自动编程的基本步骤

任务描述：

了解宇龙数控仿真软件的启动方法，重点要熟悉菜单和工具栏按钮的含义和作用。

数控加工就是将加工数据和工艺参数输入到机床，机床的控制系统对输入信息进行运算与控制，并不断地向直接指挥机床运动的机电功能转换部件——机床的伺服机构发送脉冲信号，伺服机构对脉冲信号进行转换与放大处理，然后由传动机构驱动机床，从而加工零件。

所以，数控加工的关键是加工数据和工艺参数的获取，即数控编程。数控加工一般包括以下几个内容：

（1）进行分析，确定需要数控加工的部分。

（2）图形软件对需要数控加工的部分造型。

（3）加工条件，选择合适的加工参数，生成加工轨迹（包括粗加工、半精加工、精加工轨迹）。

（4）仿真检验。

（5）生成 G 代码。

（6）传给机床加工。

下面介绍实体造型的操作方法。

1. 草图绘制

（1）单击图 1-1 所示特征树下方的"选项"按钮 ◀ ▶，当出现"零件特征"按钮时将其选中。

（2）出现图 1-5 所示界面，单击"平面 *XY*"链接  平面XY ，选择图 1-6 所示"绘制草图"命令 ，进入草图编辑界面（或按【F2】键）。

图 1-5　选择平面　　　　　　　　　　图 1-6　进入草图

（3）按【F5】键将屏幕视图切换到俯视图状态。

单击"曲线生成"栏中的"矩形"按钮 ，在左侧特征树下方出现"矩形绘制"菜单，单击"两点矩形"下三角箭头 两点矩形 ，选择"中心_长_宽"选项 中心_长_宽 ，在"长度="文本框中输入"180"，"宽度="文本框中输入"100"，如图 1-7 所示。单击坐标原点，将矩形中心定位到坐标原点，生成矩形，如图 1-8 所示。

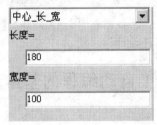　　　　　　

图 1-7　矩形参数表　　　　　　　　　图 1-8　矩形绘制

2．生成底座

（1）按【F8】键将屏幕视图切换到轴侧图状态。单击"特征生成"栏中的"拉伸增料"按钮 ，弹出图 1-9 所示"拉伸增料"对话框，在"深度"微调框中输入"25"，在"拉伸对象"文本框中选择默认草图 0，单击"确定"按钮，完成拉伸，生成底座，结果如图 1-10 所示。

图 1-9　设置拉伸增料参数　　　　　　图 1-10　底座生成

（2）正面凸台。单击实体上表面，选中该表面，右击选择"创建草图 1"命令。单击"曲线生成"栏中的"矩形"按钮 ，在左侧特征树下方出现矩形绘制菜单，单击"两点矩形"下三角箭头 两点矩形 ，选择"中心_长_宽" 中心_长_宽 选项，在"长度="文本框中输入"100"，在"宽度="文本框中输入"60",如图 1-11 所示。单击坐标原点,将矩形中心定位到坐标原点。

　　单击"曲线过渡"按钮┌,选择"圆弧过渡"选项、输入半径值为 20,拾取相应矩形两个对角,结果如图 1-12 所示。

　　退出"草图绘制"命令,单击"拉伸增料"按钮⬚,深度设为"20",单击"确认"按钮,最终图形如图 1-13 所示。

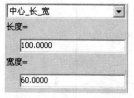

图 1-11　矩形参数表

图 1-12　矩形绘制

图 1-13　最终图形

3. 生成轨迹

　　(1)单击"曲线生成"栏中的"相关线"按钮🖌,弹出位于特征树下的立即菜单,选择"实体边界"命令,如图 1-14 所示。移动鼠标在绘图区单击凸台外轮廓线,拾取出表面的边线,作为加工的边界线。

　　(2)单击特征树下方的"加工管理"选项标签,如图 1-15 所示。

　　在加工管理面板中右击"毛坯"按钮,分别选择"定义毛坯"、"显示毛坯"、"隐藏毛坯"命令,如图 1-16 所示,也可双击"毛坯"按钮,弹出"定义毛坯"对话框,在"毛坯定义"选项组中单击"参照模型"按钮,然后选中"参照模型"单选按钮,如图 1-17 所示。系统自动设置"基准点"选项中的坐标值和大小选项中的长、宽、高。单击"确定"按钮,屏幕中显示毛坯和几何形状,如图 1-18 所示。

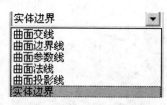

图 1-14　相关线立即菜单

图 1-15　加工管理标签

图 1-16　毛坯设置

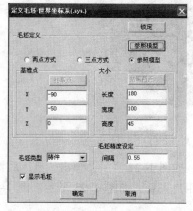

图 1-17　定义毛坯

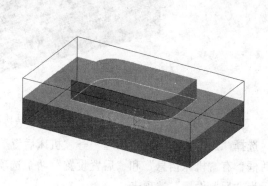

图 1-18　毛坯显示

　　(3)单击"坐标系"工具栏中的"创建坐标系"按钮⬚,系统提示"输入坐标原点"并显示出创建坐标系的立即菜单，如图 1-19 所示。选择"单点"选项，按【Enter】键，在弹出的数值文本框中输入"0，0，45"，按【Enter】键，系统提示"请输入用户坐标系名称"，输入"加工坐标系"，按【Enter】键结束操作。图 1-20 所示为"加工坐标系"链接。

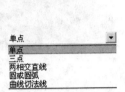
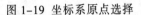

图 1-19 坐标系原点选择　　　　　　　图 1-20 单击"加工坐标系"链接

（4）选择"加工"→"粗加工"→"平面区域粗加工"命令，或直接在"加工"工具栏单击"平面区域粗加工"按钮 回，弹出"平面区域粗加工"对话框，对各个选项进行设置。

4. G 代码生成

后置处理就是结合特定的机床把系统生成的刀具轨迹转化成机床能够识别的 G 代码指令，生成的 G 指令可以直接输入数控机床用于加工。考虑到生成程序的通用性，CAXA 制造工程师 2011 针对不同的机床，可以设置不同的机床参数和特定的数控代码程序格式，同时还可以对生成的机床代码的正确性进行校验。最后，生成工艺清单。后置处理分成三部分，分别是后置设置、生成 G 代码和校核 G 代码。图 1-21 所示为生成的刀具轨迹。

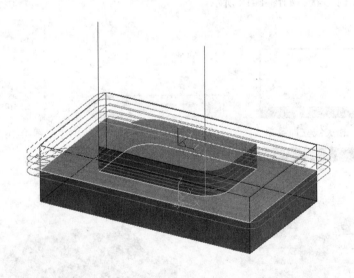

图 1-21 刀具轨迹的生成

选择"加工"→"后置处理"→"机床后置"命令，如图 1-22 所示，弹出"机床后置"对话框，有"机床信息"和"后置设置"两个选项卡供用户查看，如图 1-23 所示。图 1-24 所示为"后置设置"选项卡。

后置文件存储。选择"加工"→"后置处理"→"生成 G 代码"命令，弹出"选择后置文件"对话框。图 1-25 所示为生成的程序。

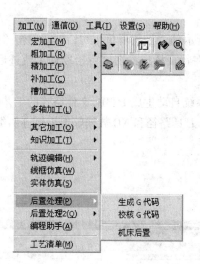

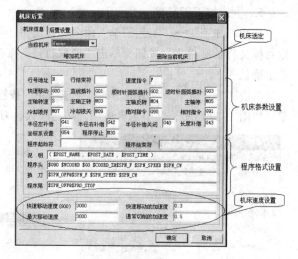

图 1-22 后置处理命令选择　　　　　　　图 1-23 "机床信息"对话框

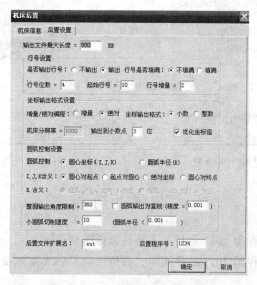

图 1-24 "后置设置"选项卡

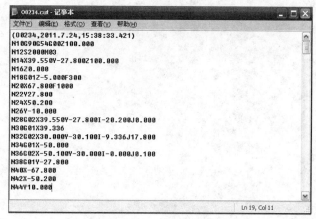

图 1-25 生成的程序

5．生成加工工艺单

选择"加工"→"工艺菜单"命令，弹出图 1-26 所示的"工艺清单"对话框。单击"指定目标文件的文件夹"按钮，单击"拾取轨迹"按钮，在特征树或绘图区中拾取加工轨迹后，右击确认。

单击"工艺清单"对话框中的"生成清单"按钮，系统自动生成 HTML 文件格式的工艺清单，如图 1-27 所示，其中包含通用、功能参数、刀具、刀具路径和 NC 数据等加工轨迹明细。

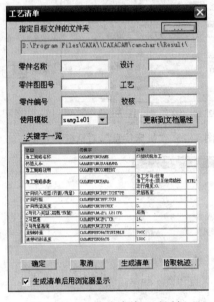

图 1-26　"工艺清单"对话框

图 1-27　生成工艺清单

思考与练习

1．CAXA 制造工程师 2011 运作基本流程包括哪些步骤？

2．CAXA 制造工程师 2011 的界面中，如何接收 CAXA 实体设计环境完成的实体造型？

项目二　曲线命令

● 项目引言

CAXA 制造工程师 2011 提供了直观的方式和手段进行绘图，容易操作，如果学过其他绘图软件，学习效果会事半功倍。

● 能力目标

1. 熟悉 CAXA 制造工程师 2011 的界面。

2. 能熟练运用 CAXA 制造工程师 2011 进行二维及三维图形的绘制操作。

任务一　曲线绘制命令

任务描述：

熟悉曲线绘制菜单中各按钮的含义和作用。

CAXA 制造工程师为曲线绘制提供了以下功能：直线、圆弧、圆、矩形、椭圆、样条、点、公式曲线、多边形、二次曲线、等距线、曲线投影、相关线、样条转圆弧和文字等。用户可以利用这些功能，方便快捷地绘制出各种复杂的图形。

曲线生成

（一）直线

直线是图形构成的基本要素。直线功能提供了两点线、平行线、角度线、切线/法线、角等分线和水平/铅垂线六种方式，如图 2-1 所示。

（1）选择"造型"→"曲线生成"→"直线"命令，或者单击"直线"按钮 ╱。

（2）在立即菜单中选取画线方式，根据状态栏提示，完成操作。

1. 两点线

两点线就是在屏幕上按给定两点画一条直线段或按给定的连续条件画连续的直线段。

（1）单击"直线"按钮 ╱，在立即菜单中选择"两点线"选项。

（2）按状态栏提示，给出第一点和第二点，两点线生成，如图 2-2 所示。

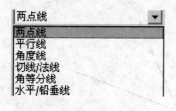

图 2-1　直线的六种方式

图 2-2　两点线实例

各参数功能如下：

连续：每段直线段相互连接，前一段直线段的终点为下一段直线段的起点。

单个：每次绘制的直线段相互独立，互不相关。

非正交：可以画任意方向的直线，包括正交的直线。

正交：所画直线与坐标轴平行。

点方式：指定两点来画出正交直线。

长度方式：按指定长度和点来画出正交直线。

2. 平行线

平行线是指按给定距离或通过给定的已知点绘制与已知线段平行、且长度相等的平行线段。

（1）单击"直线"按钮 ，在立即菜单中选择"平行线"、"距离"或"点"选项。

（2）若为"距离"方式，输入距离值和条数。按状态栏提示拾取直线，给出等距方向，平行线生成，如图 2-3（a）所示。

（3）若为"点"方式，按状态栏提示拾取直线，拾取点，平行线生成，如图 2-3（b）所示。

各参数功能如下：

过点：过一点作已知直线的平行线。

距离：按照固定的距离作已知直线的平行线。

条数：可以同时作出的多条平行线的数目。

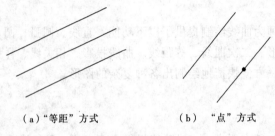

（a）"等距"方式   （b）"点"方式

图 2-3　平行线方式

3. 角度线

角度线是指生成与坐标轴或一条直线成一定夹角的直线。

（1）单击"直线"按钮 ，在立即菜单中选择"角度线"、"直线夹角"或"X 轴夹角"或"Y 轴夹角"选项，输入角度值。

（2）若为"X 或 Y 轴夹角"方式，给出第一点，给出第二点或长度，角度线生成，如图 2-4（a）所示。

（3）若为"直线夹角"方式，拾取直线，给出第一点，给出第二点或长度，角度线生成，如图 2-4（b）所示。

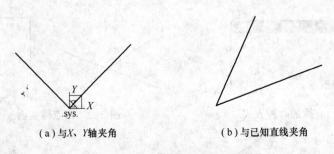

（a）与 X、Y 轴夹角   （b）与已知直线夹角

图 2-4　角度线示意图

各参数功能如下：

与 X 轴夹角：所作直线从起点与 X 轴正方向之间的夹角。

与 Y 轴夹角：所作直线从起点与 X 轴正方向之间的夹角。

与直线夹角：所作直线从起点与已知之间的夹角。

4. 切线/法线

切线/法线是指过给定点作已知曲线的切线或法线。

（1）单击"直线"按钮，在立即菜单中选择"切线/法线"选项，选择"切线"或"法线"选项，给出长度值。

（2）拾取直线，输入直线中点，切线/法线生成，如图 2-5 所示。

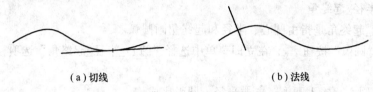

（a）切线 （b）法线

图 2-5 切线/法线示意图

5. 角等分线

角等分线是指按给定等分份数、给定长度作一条直线段将一个角等分。

（1）单击"直线"按钮，在立即菜单中选择"角等分线"选项，输入份数和长度值。

（2）拾取第一条曲线和第二条曲线，角等分线生成，如图 2-6 所示。

6. 水平/铅垂线

水平/铅垂线是指生成平行或垂直于当前平面坐标轴的给定长度的直线。

（1）单击"直线"按钮，在立即菜单中选择"水平/铅垂线"选项，选择"水平"（铅垂或水平+铅垂线）选项。

（2）输入直线中点，直线生成，如图 2-7 所示。

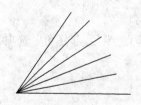

图 2-6 角等分线示意图

图 2-7 水平/铅垂线示意图

（二）圆弧

圆弧是图形构成的基本要素，为了适应各种情况下圆弧的绘制。

圆弧功能提供了六种方式：三点圆弧、圆心_起点_圆心角、圆心_半径_起终角、两点_半径、起点_终点_圆心角和起点_半径_起终角。

（1）选择"造型"→"曲线生成"→"圆弧"命令，或者直接单击"圆弧"按钮。

（2）选取画圆弧方式，根据提示，完成操作。

1. 三点圆弧

三点圆弧是指过三点画圆弧，其中第一点为起点，第三点为终点，第二点决定圆弧的位置和方向。

（1）单击"圆弧"按钮 $\nearrow$ ，在立即菜单中选择"三点圆弧"选项。

（2）给定第一点，第二点和第三点，圆弧生成，如图 2-8 所示。

图 2-8　三点圆弧示意图

2. 圆心_起点_圆心角

圆心_起点_圆心角是指已知圆心、起点及圆心角或终点画圆弧。

（1）单击"圆弧"按钮 $\nearrow$ ，在立即菜单中选择"圆心_起点_圆心角"选项。

（2）给定圆心，起点，给出圆心和弧终点所确定射线上的点，圆弧生成。

3. 圆心_半径_起终角

圆心_半径_起终角是指由圆心、半径和起终角画圆弧。

（1）单击"圆弧"按钮 $\nearrow$ ，在立即菜单中选择"圆心_半径_起终角"选项，输入起始角和终止角的值。

（2）给定圆心，输入圆上一点或半径，圆弧生成。

4. 两点_半径

两点_半径是指已知两点及圆弧半径画圆弧。

（1）单击"圆弧"按钮 $\nearrow$ ，在立即菜单中选择"两点_半径"选项。

（2）给定第一点，第二点，第三点或半径，圆弧生成。

5. 起点_终点_圆心角

起点_终点_圆心角是指已知起点、终点和圆心角画圆弧。

（1）单击"圆弧"按钮 $\nearrow$ ，在立即菜单中选择"起点_终点_圆心角"选项，输入圆心角的值。

（2）给定起点和终点，圆弧生成。

6. 起点_半径_起终角

起点_半径_起终角是指由起点、半径和起终角画圆弧。

（1）单击"圆弧"按钮 $\nearrow$ ，在立即菜单中选择"起点_半径_起终角"选项，输入半径，起始角和终止角的值。

（2）给定起点，圆弧生成。

【例 2-1】 作与直线相切的弧。

（1）单击"圆弧"按钮 $\nearrow$ ，在立即菜单中选择"三点圆弧"选项。

（2）系统提示输入第一点，按【Space】键弹出"点工具"菜单，选择"切点"命令，然后按提示拾取直线，如图 2-9（a）所示。

（3）再指定圆弧的第二点、第三点后，圆弧绘制完成，如图 2-9（b）、（c）所示。

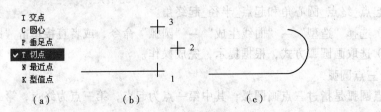

（a）　　　　　　（b）　　　　　　（c）

图 2-9　与直线相切的圆弧

【例 2-2】 作与圆弧相切的弧。

（1）单击"圆弧"按钮 ，在立即菜单中选择"三点圆弧"命令。

（2）系统提示输入第一点，按【Space】键弹出"点工具"菜单，选择"切点"命令，然后按提示拾取第一段圆弧。

（3）输入圆弧的第二点。

（4）当提示输入第三点时，按选第一点的方法，拾取第二段圆弧的切点，圆弧绘制完成，如图 2-10 所示。

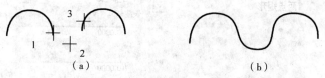

图 2-10 与圆相切的圆弧

注意：

① 点的输入有两种方式：按【Space】键拾取工具点和按【Enter】键直接输入坐标值。

② 绘制圆弧或圆时状态栏动态显示半径大小。

（三）圆

圆是图形构成的基本要素，为了适应各种情况下圆的绘制。

圆功能提供了圆心_半径、三点和两点_半径等三种方式。

（1）选择"造型"→"曲线生成"→"圆"命令，或单击"圆"按钮 。

（2）选取画圆方式，根据状态栏提示，完成操作。

1. 圆心_半径

圆心_半径是指已知圆心和半径画圆。

（1）单击"圆"按钮 ，在立即菜单中选择"圆心_半径"选项。

（2）给出圆心点，输入圆上一点或半径，圆生成。

2. 三点

三点是指过已知三点画圆。

（1）单击"圆"按钮 ，在立即菜单中选择"三点"选项。

（2）给出第一点，第二点，第三点，圆生成。

3. 两点_半径

两点_半径是指已知圆上两点和半径画圆。

（1）单击"圆"按钮 ，在立即菜单中选择"两点_半径"选项。

（2）给出第一点，第二点，第三点或半径，圆生成。

（四）矩形

矩形是图形构成的基本要素，为了适应各种情况下矩形的绘制，CAXA 制造工程师 2011 提供了两点矩形和中心_长_宽等两种方式。

（1）选择"造型"→"曲线生成"→"矩形"命令，或单击"矩形"按钮 。

（2）选取画矩形方式，根据状态栏提示，完成操作。

1. 两点矩形

两点矩形是指给定对角线上两点绘制矩形。

（1）单击"矩形"按钮 ，在立即菜单中选择"两点矩形"选项，如图 2-11（a）所示。

（2）给出起点和终点，矩形生成。

2. 中心_长_宽

中心_长_宽是指给定长度和宽度尺寸值来绘制矩形。

（1）单击"矩形"按钮 ▢，选择"两点矩形"选项，如图 2-11（a）所示；在立即菜单中选择"中心_长_宽"方式，输入长度和宽度值，如图 2-11（b）所示。

（2）给出矩形中心，矩形生成。

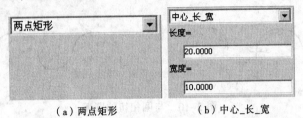

（a）两点矩形　　　　　　（b）中心_长_宽

图 2-11　矩形绘制示意图

（五）椭圆

椭圆是指用鼠标或键盘输入椭圆中心，然后按给定参数画一个任意方向的椭圆或椭圆弧。

（1）选择"造型"→"曲线生成"→"椭圆"命令，或者单击"椭圆"按钮 ◉。

（2）输入长半轴、短半轴、旋转角、起始角和终止角等参数，输入中心，完成操作。

各参数功能如下：

长半轴：椭圆的长轴尺寸值。

短半轴：椭圆的短轴尺寸值。

旋转角：椭圆的长轴与默认起始基准间夹角。

起始角：画椭圆弧时起始位置与默认起始基准所夹的角度。

终止角：是指画椭圆弧时终止位置与默认起始基准所夹的角度。

（六）样条

样条是指生成过给定顶点（样条插值点）的样条曲线。点的输入可由鼠标输入或由键盘输入。

（1）选择"造型"→"曲线生成"→"样条"命令，或单击"样条"按钮 ～。

（2）选择样条线生成方式，按状态栏提示操作，生成样条线。

1. 逼近

顺序输入一系列点，系统更具给定的精度生成拟合这些点的光滑样条曲线。用"逼近"方式拟合一批点，生成的样条曲线品质比较好，适用于数据点比较多且排列不规则的情况。

（1）单击"样条"按钮 ～，在立即菜单中选择"逼近"选项，如图 2-12（a）所示。

（2）输入或拾取多个点，右击确认，样条曲线生成，如图 2-12（b）所示。

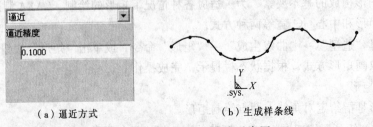

（a）逼近方式　　　　　　（b）生成样条线

图 2-12　样条线逼近方式示意图

2. 插值

按顺序输入一系列点，系统将顺序通过这些点生成一条光滑的样条曲线。通过设置立即菜单，可以控制生成的样条的端点切矢，使其满足一定的相切条件，也可以生成一条封闭的样条曲线。

（1）单击"样条"按钮 ∿，在立即菜单中选择可"缺省切矢"、"给定切矢"、"开曲线"、"闭曲线"选项。

（2）若为"缺省切矢"方式，拾取多个点，右击确认，样条曲线生成。

（3）若为"给定切矢"，拾取多个点，右击确认，给定终点切矢和起点切矢，样条曲线生成。图 2-13 所示为"缺省切矢"选项的操作方法。

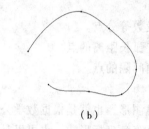

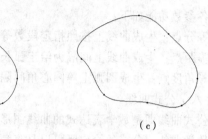

（a）　　　　　　　　（b）　　　　　　　　（c）

图 2-13　样条线插值方式示意图

各参数功能如下：

缺省切矢：按照系统默认的切矢绘制样条线。

给定切矢：按照需要给定切矢方向绘制样条线。

闭曲线：首尾相接的样条线。

开曲线：首尾不相接的样条线

（七）点

点是指在屏幕指定位置处画一个孤立点，或在曲线上画等分点。

（1）选择"造型"→"曲线生成"→"点"命令，或单击"点"按钮 ⬚。

（2）选取画点方式，根据提示，完成操作。

1. 单个点

生成单个点。

单个点包括工具点、曲线投影交点、曲面上投影点和曲线曲面交点等。

（1）单击"点"按钮 ⬚，选择"单个点"及其方式。

（2）按状态栏提示操作，生成点，如图 2-14 所示。

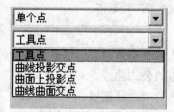

图 2-14　单个点的选择示意图

各参数功能如下：

工具点：利用"点工具"菜单生成单个点。此时不能利用切点和垂足点生成单个点。

曲线投影交点：对于两条不相交的空间曲线，如果它们在当前平面的投影有交点，则在先拾取的直线上生成该投影交点。

曲面上投影点：对于一个给定位置的点，通过"矢量工具"菜单给定一个投影方向，可以在一张曲面上得到一个投影点。

曲线曲面交点：可以求一条曲线和一张曲面的交点。

2．批量点

批量点是指生成多个点。批量点包括等分点、等距点和等角度点等。

（1）单击"点"按钮 ▣，选择"批量点"及其方式，输入数值。

（2）按状态栏提示操作，生成点。

各参数功能如下：

等分点：生成曲线上按照指定段数等分点。

等距点：生成曲线上间隔为给定弧长距离的点。

等角度点：生成圆弧上等圆心角间隔的点。

（八）公式曲线

公式曲线即是数学表达式的曲线图形，也就是根据数学公式（或参数表达式）绘制出相应的数学曲线，公式的给出既可以是直角坐标形式，也可以是极坐标形式。公式曲线为用户提供一种更方便、更精确的作图手段，以适应某些精确型腔，轨迹线形的作图设计。用户只要交互输入数学公式，给定参数，计算机便会自动绘制出该公式描述的曲线。

（1）选择"造型"→"曲线生成"→"公式曲线"命令，弹出"公式曲线"对话框，如图 2-15 所示。或者单击"公式曲线"按钮。

（2）选择坐标系，给出参数及参数方式，按"确定"按钮，给出公式曲线定位点，完成操作，如图 2-16 所示。

图 2-15　"公式曲线"对话框

图 2-16　公式曲线示意图

各参数功能如下：

存储：可将当前的曲线存入系统中，而且可以存储多个公式曲线。

提取：取出以前存入系统中的公式曲线。

删除：将存入系统中的某一公式曲线删除。

预显：新输入或修改参数的公式曲线在右上角框内显示。

公式库：里面存有多条二维、三维曲线，调用方便。

公式曲线可用如下数学函数：

元素定义时函数的使用格式与 C 语言中的用法相同，所有函数的参数须用括号括起来。

公式曲线可用的数学函数有 sin、cos、tan、asin、acos、atan、sinh、cosh、sqrt、exp、log、log10 共 12 个函数。

三角函数 sin、cos、tan 的参数单位采用角度，例如 sin(30)=0.5，cos(45)=0.707。

反三角函数化 asin、acos、atan 的返回值单位为角度，例如 acos(0.5)= 60，atan (1)=45。

sinh、cosh 为双曲函数。

sqrt 表示 x 的平方根，例如 sqrt(36)=6

exp 表示 e 的 x 次方。

log 表示 ln(自然对数)，log10 表示以 10 为底的对数。

幂用∧表示，例如 x∧5 表示 x 的 5 次方。

求余运算用%表示，例如 18%4 =2，2 为 18 除以 4 后的余数。

在表达式中，乘号用*表示，除号用 / 表示；表达式中没有中括号和大括号，只能用小括号。

表达式如下是合法的表达式：

x(t)=8*(cos(t)+t*sin(t))

y(t)=8*(sin(t)+t*cos(t))

z(t)=0

（九）多边形

在给定点处绘制一个给定半径、给定边数的正多边形。其定位方式由菜单及操作提示给出。

（1）选择"造型"→"曲线生成"→"多边形"命令，或单击"多边形"按钮 ⊙。

（2）在立即菜单中选择方式和参数，按状态栏提示操作即可。

1. 边

边是指根据输入边数绘制正多边形。

（1）单击"多边形"按钮 ⊙，在立即菜单中选择"边"选项，输入边数和方式，如图 2-17 所示。

（2）输入边的起点和终点，正多边形生成。

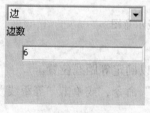

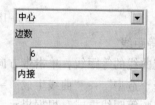

（a）边选择　　　　　　　　　　　　　（b）中心选择

图 2-17　多边形的生成

2. 中心

中心是指以输入点为中心，绘制内切或外接多边形。

（1）单击"多边形"按钮 ⊙，在立即菜单中选择"中心"、"内接"、"外接"选项，输入边数。

（2）输入中心和边终点，正多边形生成。

（十）二次曲线

二次曲线是指根据给定的方式绘制二次曲线。

（1）选择"造型"→"曲线生成"→"二次曲线"命令，或单击"二次曲线"按钮 凵 。

（2）按状态栏提示操作，生成二次曲线。

1. 定点

定点是指给定起点、终点和方向点，再给定肩点，生成二次曲线。

（1）单击"二次曲线"按钮 凵 ，选择"定点"方式。

（2）给定二次曲线的起点、终点和方向点，出现可用光标拖动的二次曲线，给定肩点，完成操作。

2. 比例

比例是指给定比例因子，起点、终点和方向点，生成二次曲线。

（1）单击"二次曲线"按钮 凵 ，选择"比例"方式，输入比例因子的值。

（2）给定起点、终点和方向点，完成操作。

【例 2-3】 生成比例因子为 0.8，起点坐标（0，0，0），终点坐标（50，0，0），方向点（20，50，0）的二次曲线。

（1）单击"二次曲线"按钮 凵 ，激活二次曲线功能。

（2）在立即菜单中输入比例因子为 0.8。

（3）按【Enter】键调用"数据"文本框，输入起点坐标（0，0，0）。

（4）按状态栏提示，依次给出终点坐标（50，0，0）和方向点坐标（20，50，0），生成的结果如图 2-18 所示。

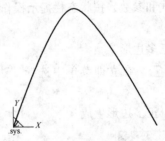

图 2-18　二次曲线示意图

（十一）等距线

绘制给定曲线的等距线，单击带方向的箭头可以确定等距线位置。

（1）选择"造型"→"曲线生成"→"等距线"命令，或单击"等距线"按钮 ㄱ 。

（2）选取画等距线方式，根据提示，完成操作。

1. 等距

等距是指按照给定的距离作曲线的等距线。

（1）单击"等距线"按钮 ㄱ ，在立即菜单中选择"等距"选项，输入"距离"和"精度"值，如图 2-19（a）所示。

（2）拾取曲线，给出等距方向，等距线生成，如图 2-20（a）所示。

2. 变等距

变等距是指按照给定的起始和终止距离，作沿给定方向变化距离的曲线的变等距线。

（1）单击"等距线"按钮 ㄱ ，在立即菜单中选择"变等距"选项，输入"起始距离"、

"终止距离"及"精度"值,如图 2-19(b)所示。

（a）"等距"菜单

（b）"变等距"菜单

图 2-19　等距线的立即菜单

（2）拾取曲线,给出等距方向和距离变化方向（从小到大）,变等距线生成,如图 2-20（b）所示。

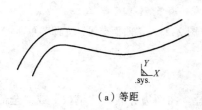
（a）等距

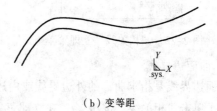
（b）变等距

图 2-20　等距线的示意图

注意:使用"直线"命令中的"平行线"的"等距"方式,可以等距多条直线。

（十二）曲线投影

投影线是指定一条曲线沿某一方向向一个实体的基准平面投影,可得到曲线在该基准平面上的投影线。利用这个功能可以充分利用已有的曲线来作草图平面里的草图线。这一功能不可与曲线投影到曲面相混淆。

投影的前提:只有在草图状态下,才具有投影功能。

投影的对象:空间曲线、实体的边和曲面的边。

（1）选择"造型"→"曲线生成"→"曲线投影"命令或单击"曲线投影"按钮 ⚒。

（2）拾取曲线,完成操作。

注意:

① 曲线投影功能只能在"草图"状态下使用。

② 使用曲线投影功能时,可以使用窗口选取投影元素。

【例 2-4】生成已知空间曲线 AB 在 XY 平面草图 0 上的投影线 $A'B'$。

（1）依次单击"XY 平面"和"草图器"按钮,进入草图状态。

（2）单击"曲线投影"按钮 ⚒,激活曲线投影功能

（3）按提示拾取已知空间曲线 AB,右击确定。

（4）退出草图状态,可见草图上有曲线生成,如图 2-21 所示。

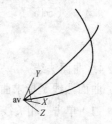
图 2-21　曲线投影

（十三）相关线

相关线是指绘制曲面或实体的交线、边界线、参数线、法线、投影线和实体边界。

（1）选择"造型"→"曲线生成"→"相关线"命令，或单击"相关线"按钮 。

（2）选取画相关线方式，根据提示，完成操作。

1. 曲面交线

曲面交线是指求两曲面的交线。

（1）单击"相关线"按钮 ，在立即菜单中选择"曲面交线"选项，如图 2-22 所示。图 2-23 所示为"曲面交线"立即菜单。

（2）拾取第一张曲面和第二张曲面，曲面交线生成。

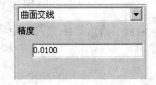

图 2-22　"相关线"立即菜单　　　　图 2-23　"曲面交线"立即菜单

2. 曲面边界线

曲面边界线是指求曲面的外边界线或内边界线。

（1）单击"相关线"按钮 ，在立即菜单中选择"曲面边界线"、"单根"或"全部"选项，如图 2-24 所示。

（2）拾取曲面，曲面边界线生成。

图 2-24　"曲线边界线"立即菜单

3. 曲面参数线

曲面参数线是指求曲面的 U 向或 W 向的参数线。

（1）单击"相关线"按钮 ，在立即菜单中选择"曲面参数线"选项，指定参数线（过点或多条曲线），如图 2-25 所示。

（2）按状态栏提示操作，曲面参数线生成。

图 2-25　"曲面参数线"立即菜单

4. 曲面法线

曲面法线是指求曲面指定点处的法线。

（1）单击"相关线"按钮 ，在立即菜单中选择"曲面法线"选项，输入长度值，如图 2-26 所示。

（2）拾取曲面和点，曲面法线生成。

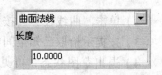

图 2-26　"曲面法线"立即菜单

5. 曲面投影线

曲面投影线是指求一条曲线在曲面上的投影线。

（1）单击"相关线"按钮 ，在立即菜单中选择"曲面投影线"选项，如图 2-27 所示。

（2）拾取曲面，给出投影方向，拾取曲线，曲面投影线生成。

6. 实体边界

实体边界是指求特征生成后实体的边界线，立即菜单如图 2-28 所示。

单击"相关线"按钮 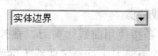，在立即菜单中选择"实体边界"选项。拾取实体边界，实体边界生成。

图 2-27　"曲面投影线"立即菜单　　　图 2-28　"实体边界"立即菜单

（十四）样条转圆弧

样条转圆弧是指用圆弧来表示样条，以便在加工时更光滑，生成的 G 代码更简单。

（1）选择"造型"→"曲线生成"→"样条转圆弧"命令。

（2）在立即菜单中选择"离散"方式并设置离散参数。

（3）拾取需要离散为圆弧的样条曲线，状态栏显示出该样条离散的圆弧段数。

1. 步长离散

等步长将样条离散为点，然后将离散的点拟合为圆弧。

2. 弓高离散

按照样条的弓高误差将样条离散为圆弧。

（十五）文字

文字是指在 CAXA 制造工程师 2011 中输入文字。

（1）选择"造型"→"文字"命令，或单击"文字"按钮 **A**。

（2）指定文字输入点，弹出"文字输入"对话框，如图 2-29（a）所示。

（3）单击"设置(s)…"按钮，弹出"字体设置"对话框，如图 2-29（b）所示。修改设置，单击"确定"按钮，返回"文字输入"对话框中，输入文字，单击"确定"按钮，文字生成。

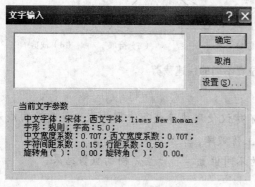

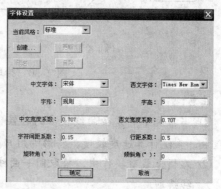

（a）"文字输入"对话框　　　　　　（b）"字体设置"对话框

图 2-29　设置文字

任务二　曲　线　编　辑

任务描述：

重点要熟悉编辑菜单和各按钮的含义和作用。

曲线编辑主要讲述有关曲线的常用编辑命令及操作方法，它是交互式绘图软件不可缺少的基本功能，对于提高绘图速度及质量都具有至关重要的作用。

曲线编辑包括曲线裁剪、曲线过渡、曲线打断、曲线组合和曲线拉伸五种功能。曲线编辑安排在主菜单的下拉菜单和线面编辑工具条中。下面分别对曲线编辑的五种功能进行介绍。

（一）曲线裁剪

曲线裁剪是指使用曲线做剪刀，裁掉曲线上不需要的部分，即利用一个或多个几何元素（曲线或点，称为剪刀）对给定曲线（称为被裁剪线）进行修整，删除不需要的部分，得到新的曲线。曲线裁剪共有四种方式：快速裁剪、线裁剪、点裁剪和修剪。

线裁剪和点裁剪的特点：具有延伸特性，也就是说如果剪刀线和被裁剪曲线之间没有实际交点，系统在分别依次自动延长被裁剪线和剪刀线后进行求交，在得到的交点处进行裁剪。

快速裁剪、修剪和线裁剪中的投影裁剪适用于空间曲线之间的裁剪。曲线在当前坐标平面上施行投影后，进行求交裁剪，从而实现不共面曲线的裁剪。

选择"造型"→"曲线编辑"→"曲线裁剪"命令，或直接单击 按钮。

1. 快速裁剪

快速裁剪是指系统对曲线修剪具有"指哪裁哪"的快速反应。

快速裁剪的方式：正常裁剪和投影裁剪。正常裁剪适用于裁剪同一平面上的曲线、投影裁剪。也可裁剪不共面的曲线。

在操作过程中，拾取同一曲线的不同位置将产生不同的裁剪结果。

（1）单击"曲线裁剪"按钮 ，在立即菜单中选择"快速裁剪"和"正常裁剪"（或"投影裁剪"）选项。

（2）拾取被裁剪线（选取被裁掉的段），快速裁剪完成，如图 2-30 所示。

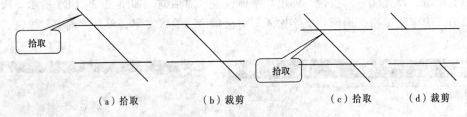

（a）拾取　　　　　（b）裁剪　　　　　（c）拾取　　　（d）裁剪

图 2-30　拾取位置不同的快速裁剪

注意：

① 当系统中的复杂曲线较多的时候，不建议使用快速裁剪。因为在大量复杂曲线处理过程中，系统计算速度较慢，将影响用户的工作效率。

② 在快速裁剪操作中，拾取同一曲线的不同位置，将产生不同的裁剪结果。

2. 线裁剪

线裁剪是指用一条曲线作为剪刀，对其他曲线进行裁剪。

线裁剪的方式：正常裁剪和投影裁剪。正常裁剪的功能是以选取的剪刀线为参照，对其他曲线进行裁剪。投影裁剪的功能是曲线在当前坐标平面上施行投影后，进行求交裁剪。

线裁剪具有曲线延伸功能。如果剪刀线和被裁剪曲线之间没有实际交点，系统在分别依次自动延长被裁剪线和剪刀线后进行求交点，在得到的交点处进行裁剪。延伸的规则：直线和样条线按端点切线方向延伸，圆弧按整圆处理。由于采用延伸的做法，可以利用该功能实现对曲线的延伸。

在拾取了剪刀线之后，可拾取多条被裁剪曲线。系统约定拾取的段是裁剪后保留的段，因而可实现多根曲线在剪刀线处齐边的效果。

（1）单击"曲线裁剪"按钮 ，在立即菜单中选择"线裁剪"和"正常裁剪"（或"投影裁剪"）选项。

（2）拾取作为剪刀的曲线，该曲线变红。

（3）拾取被裁剪的线（选取保留的段），线裁剪完成，如图 2-31 所示。

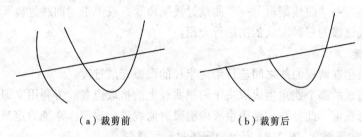

（a）裁剪前 　　　　（b）裁剪后

图 2-31　不同情况的线裁剪

注意：

拾取被裁剪曲线的位置确定裁剪后保留的曲线段，有时拾取剪刀线的位置也会对裁剪结果产生影响：在剪刀线与被裁剪线有两个以上的交点时，系统约定取离剪刀线上拾取点较近的交点进行裁剪。

3. 点裁剪

点裁剪是指利用点（通常是屏幕点）作为剪刀，对曲线进行裁剪。点裁剪具有曲线延伸功能，用户可以利用本功能实现曲线的延伸。

（1）单击"曲线裁剪"按钮 ，在立即菜单中选择"点裁剪"选项。

（2）拾取被裁剪的线（选取保留的段），该曲线变红。

（3）拾取剪刀点，点裁剪完成，如图 2-32 所示。

（a）裁剪前 　　　　（b）裁剪后

图 2-32　点裁剪示意图

注意：

在拾取了被裁剪曲线之后，利用"点工具"菜单输入一个剪刀点，系统对曲线在离剪刀点最近处施行裁剪。

4. 修剪

修剪是指需要拾取一条曲线或多条曲线作为剪刀线，对一系列被裁剪曲线进行裁剪。

修剪与"线裁剪"和"点裁剪"不同，本功能中系统将裁剪掉用户所拾取的曲线段，而保留在剪刀线另一侧的曲线段。"修剪"不采用延伸的做法，只在有实际交点处进行裁剪。

在本功能中，剪刀线也可作为被裁剪线。

（1）单击"曲线裁剪"按钮 ，在立即菜单中选择"点裁剪"选项。

（2）拾取剪刀曲线，右击确认，该曲线变红。

（3）拾取被裁剪的线（选取被裁掉的段），修剪完成。

（二）曲线过渡

曲线过渡对指定的两条曲线进行圆弧过渡、尖角过渡或对两条直线倒角。曲线过渡共有三种方式：圆弧过渡、尖角过渡和倒角过渡。

对尖角、倒角及圆弧过渡中需要裁剪的情形，拾取的段均是需要保留的段。

选择"造型"→"曲线编辑"→"曲线过渡"命令，或单击"曲线过渡"按钮 。

下面对曲线过渡的三种方式依次进行介绍。

1. 圆弧过渡

圆弧过渡是指在两根曲线之间进行给定半径的圆弧光滑过渡。

圆弧在两曲线的哪个侧边生成取决于两根曲线上的拾取位置。可利用立即菜单控制是否对两条曲线进行裁剪，此处裁剪是用生成的圆弧对曲线进行裁剪。系统约定只生成劣弧（圆心角小于 180° 的圆弧）。图 2-33 所示为圆弧过渡示意图。

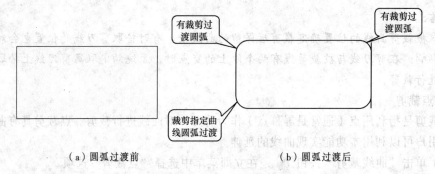

（a）圆弧过渡前　　　　　　　　　　　　　　（b）圆弧过渡后

图 2-33　圆弧过渡示意图

（1）单击"曲线过渡"按钮 ，在立即菜单中选择"圆弧过渡"选项，输入半径，选择是否裁剪曲线 1 和曲线 2。

（2）拾取第一条曲线，第二条曲线，圆弧过渡完成。

2. 尖角过渡

尖角过渡是指用于在给定的两根曲线之间进行过渡，过渡后在两曲线的交点处呈尖角。尖角过渡后，一根曲线被另一根曲线裁剪。

（1）单击"曲线过渡"按钮 ，在立即菜单中选择"尖角过渡"选项。

（2）拾取第一条曲线，第二条曲线，尖角过渡完成，如图 2-34 所示。

3. 倒角过渡

倒角过渡是指在给定的两直线之间进行过渡，过渡后在两直线之间有一条按给定角度和长度的直线。

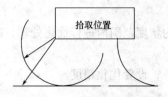
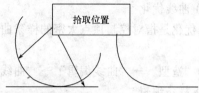

图 2-34　尖角过渡示意图

倒角过渡后，两直线可以被倒角线裁剪，也可以不被裁剪。

（1）单击"曲线过渡"按钮 ，在立即菜单中选择"倒角过渡"选项，输入角度和距离值，选择是否裁剪曲线 1 和曲线 2。

（2）拾取第一条曲线，第二条曲线，尖角过渡完成。

（三）曲线打断

曲线打断是指把拾取到的一条曲线在指定点处打断，形成两条曲线。

（1）选择"造型"→"曲线编辑"→"曲线打断"命令，或单击"曲线打断"按钮 。

（2）拾取被打断的曲线，拾取打断点，曲线打断完成。

注意：

在拾取曲线的打断点时，可使用"点工具"捕捉特征点，方便操作。

（四）曲线组合

曲线组合用于把拾取到的多条相连曲线组合成一条样条曲线。曲线组合有两种方式：保留原曲线和删除原曲线。

把多条曲线组成一条曲线可以得到以下结果：若是把多条曲线用一个样条曲线表示。这种表示要求首尾相连的曲线是光滑的。如果首尾相连的曲线有尖点，系统会自动生成一条光顺的样条曲线。

（1）选择"造型"→"曲线编辑"→"曲线组合"命令，或单击"曲线组合"按钮 。

（2）按【Space】键，弹出快捷菜单，选择拾取方式。

（3）按状态栏中提示拾取曲线，右击确认，曲线组合完成，如图 2-35 所示。

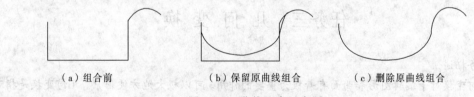

（a）组合前　　　　　　（b）保留原曲线组合　　　　　（c）删除原曲线组合

图 2-35　曲线组合示意图

（五）曲线拉伸

曲线拉伸是指将指定曲线拉伸到指定点。

拉伸有伸缩和非伸缩两种方式，如图 2-36 所示。伸缩方式就是沿曲线的方向进行拉伸，而非伸缩方式是以曲线的一个端点为定点，不受曲线原方向的限制进行自由拉伸。

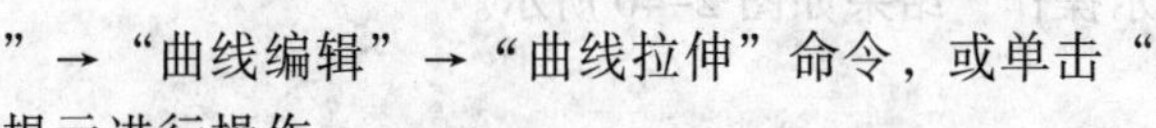

图 2-36　"曲线拉伸"立即菜单

（1）选择"造型"→"曲线编辑"→"曲线拉伸"命令，或单击"曲线拉伸"按钮 。

（2）按状态栏中提示进行操作。

（六）曲线优化

曲线优化是指对控制顶点太密的样条曲线在给定的精度范围内进行优化处理，减少其控制顶点。

选择"造型"→"曲线编辑"→"曲线优化"命令，设置优化精度。

（七）样条编辑

样条编辑是对已经生成的样条曲线按照需要进行修改。本功能适合高级用户进行修改。样条编辑分为三个方面：型值点、控制顶点和端点切矢。

选择"造型"→"曲线编辑"→"样条型值点"、"样条控制顶点"和"样条端点切矢"三种样条编辑方式命令，选择编辑样条的方式。

1. 型值点

（1）拾取样条曲线。

（2）拾取样条线上某一插值点，单击新位置或直接输入坐标点结束，如图 2-37 所示。

2. 控制顶点

（1）拾取样条曲线。

（2）拾取样条线上某一控制顶点，单击新位置或直接输入坐标点结束，如图 2-38 所示。

3. 端点切矢

（1）拾取样条曲线。

（2）拾取样条线上某一端点，单击新位置或直接输入坐标点结束，如图 2-39 所示。

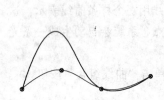 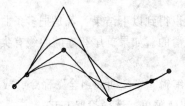 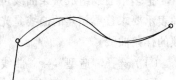

图 2-37　样条型值点示意图　　　图 2-38　样条控制点示意图　　　图 2-39　样条端点切矢示意图

任务三　几何变换

任务描述：

几何变换对于编辑图形和曲面有着极为重要的作用，可以极大地方便用户。几何变换是指对线、面进行变换，对造型实体无效，而且几何变换前后线、面的颜色、图层等属性不发生变换。

几何变换共有七种功能：平移、平面旋转、旋转、平面镜像、镜像、阵列和缩放。

下面对几何变换的七种功能进行具体介绍。

（一）平移

对拾取到的曲线或曲面进行平移或拷贝。平移有两种方式：两点或偏移量。

（1）选择"造型"→"几何变换"→"平移"命令，或单击"平移"按钮 ⏀。

（2）按状态栏提示操作，结果如图 2-40 所示。

1. 两点

两点方式就是给定平移元素的基点和目标点，来实现曲线或曲面的平移或拷贝。

（1）单击"平移"按钮 ，在立即菜单中选择"两点"方式，这样"拷贝"或"平移"方式，"正交"或"非正交"方式。

（2）拾取曲线或曲面，右击确认，输入基点，用鼠标可以拖动图形，输入目标点，平移完成。

（a）原图形　　　　　（b）拷贝平移后的图形

图 2-40　平移示意图

2. 偏移量

偏移量方式就是给出在 X、Y、Z 三轴上的偏移量，来实现曲线或曲面的平移或拷贝。

（1）单击"平移"按钮 ，在立即菜单中选择"偏移量"方式，选择"拷贝"或"平移"方式，输入 X、Y、Z 三轴上的偏移量值。

（2）状态栏中提示"拾取元素"，选择曲线或曲面，右击确认，平移完成。

（二）平面旋转

平面旋转是指对拾取到的曲线或曲面进行同一平面上的旋转或旋转拷贝。

平面旋转有拷贝和平移两种方式。拷贝方式除了可以指定旋转角度外，还可以指定拷贝份数。

（1）选择"造型"→"几何变换"→"平面旋转"命令，或单击"平面旋转"按钮 。

（2）在立即菜单中选择"移动"或"拷贝"选项，输入角度值 120，如果选择"拷贝"选项，还需要输入拷贝份数为 2。

（3）指定旋转中心，右击确认，平面旋转完成，如图 2-41 所示。

（a）原图形　　　（b）平面旋转后图形

图 2-41　平面旋转示意图

（三）旋转

旋转是指对拾取到的曲线或曲面进行空间的旋转或旋转拷贝。

旋转有拷贝和平移两种方式。拷贝方式除了可以指定旋转角度外，还可以指定拷贝份数。

（1）选择"造型"→"几何变换"→"旋转"命令，或单击"旋转"按钮 。

（2）在立即菜单中选择"移动"或"拷贝"选项，输入角度值，如果选择"拷贝"选项，还需要输入拷贝份数。

（3）给出旋转轴起点，旋转轴末点，拾取旋转元素，右击确认，旋转完成。

（四）平面镜像

平面镜像对拾取到的曲线或曲面以某一条直线为对称轴，进行同一平面上的对称镜像或对称拷贝。

平面镜像有拷贝和平移两种方式。

（1）选择"造型"→"几何变换"→"平面镜像"命令，或单击"平面镜像"按钮 ⚄。

（2）在立即菜单中选择"移动"或"拷贝"选项。

（3）拾取镜像轴首点，镜像轴末点，拾取镜像元素，右击确认，平面镜像完成，如图2-42所示。

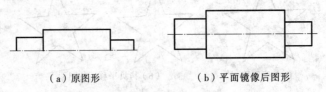

（a）原图形　　　　　　　　（b）平面镜像后图形

图2-42　平面镜像示意图

（五）镜像

镜像是指对拾取到的曲线或曲面以某一条直线为对称轴，进行空间上的对称镜像或对称拷贝。

镜像有拷贝和平移两种方式。

（1）选择"造型"→"几何变换"→"镜像"命令，或单击"镜像"按钮 ⚄，在立即菜单中选择"移动"或"拷贝"选项。

（2）拾取镜像平面上的第一点，第二点，第三点，三点确定一个平面。

（3）拾取镜像元素，右击确认，完成元素对三点确定的平面镜像。

（六）阵列

对拾取到的曲线或曲面，按圆形或矩形方式进行阵列拷贝。阵列分为圆形或矩形两种方式。

（1）选择"造型"→"几何变换"→"阵列"命令，或单击"阵列"按钮 ⊞。

（2）选择阵列方式，给出参数，按状态栏提示操作。

1. 圆形阵列

圆形阵列是指对拾取到的曲线或曲面，按圆形方式进行阵列拷贝。

（1）单击"阵列"按钮 ⊞，在立即菜单中选择"圆形"选项，选择"夹角"或"均布"选项。若选择"夹角"选项，需要确定"邻角"和"填角"值，若选择"均布"选项，需要确定份数。

（2）拾取需阵列的元素，右击确认，输入中心点，阵列完成，如图2-43（a）所示。

2. 矩形阵列

矩形阵列是指对拾取到的曲线或曲面，按矩形方式进行阵列拷贝。

（1）单击"阵列"按钮 ⊞，在立即菜单中选择"矩形"选项，输入行数、行距、列数和列距四个值。

（2）拾取需阵列的元素，右击确认，阵列完成，如图2-43（b）所示。

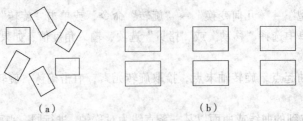

（a）　　　　　　　　（b）

图2-43　圆形阵列和矩形阵列

（七）缩放

缩放是指对拾取到的曲线或曲面进行按比例放大或缩小。缩放有拷贝和移动两种方式。

（1）选择"造型"→"几何变换"→"缩放"命令，或单击"缩放"按钮 。

（2）在立即菜单中选择"拷贝"或"移动"选项，输入 X、Y、Z 三轴的比例。若选择"拷贝"选项，需要输入份数。

（3）输入基点，拾取需缩放的元素，右击确认，缩放完成，如图 2-44 所示。

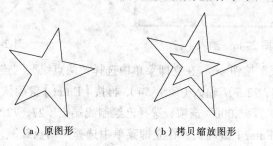

（a）原图形　　　　　（b）拷贝缩放图形

图 2-44　缩放示意图

任务四　绘制图形

任务描述：

通过实例操作加强学生动手绘图能力，同时加深对各绘制和编辑命令的理解。

【例 2-5】 在草图状态下，绘制图 2-45 所示图形。

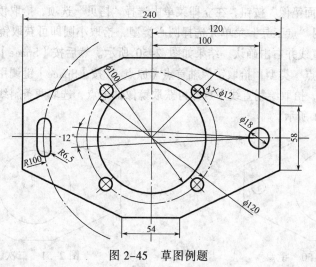

图 2-45　草图例题

操作步骤如下：

（1）新建文件，命名为 lianxi1。

（2）按【F5】键进入零件特征树的"平面 XY"指令单击"绘制草图"按钮 ，进入草图状态。

（3）单击"圆"按钮 ，在立即菜单中选择"圆心_半径"选项，然后拾取圆的圆心（坐标原点），输入圆的半径值为 50（见图 2-46）并按【Enter】键确认，右击退出，如图 2-47

所示。按【Enter】键调用数据文本后并输入小圆圆心（100，0），然后输入小圆半径值为 9 并按【Enter】键确认，右击退出，结果如图 2-48 所示。

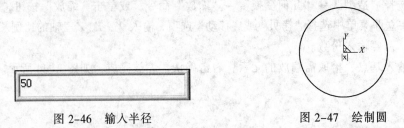

图 2-46　输入半径　　　　　　　　　　　图 2-47　绘制圆

（4）单击"直线"按钮 ╱，在立即菜单中选择"两点线"、"连续"、"正交"、"点方式"选项，输入坐标（27，72.5），输入（@，-54），再按【Enter】键确认。在立即菜单中选择"角度线"、"X 轴夹角"、"-25.000"选项，选择已绘制线端点（27，72.5），然后输入第二点坐标（120，29），并按【Enter】键确认。在立即菜单中选择"两点线"、"连续"、"正交"、"点方式"选项，选择已绘制线端点（120，29），输入（@，-58），并按【Enter】键确认，右击退出，结果如图 2-49 所示。

图 2-48　绘制小圆　　　　　　　　　　　图 2-49　绘制直线

（5）单击"平面镜像"按钮，在立即菜单中选择"拷贝"选项，拾取镜像轴首点（原点），按【Space】键调用"点工具"菜单并选择圆心类型，拾取小圆即可获取镜像轴末点（小圆圆心），选取绘制的直线并右击确认，结果如图 2-50 所示。然后按【Space】键调用"点工具"菜单并选择"缺省点"类型，拾取镜像轴首点（原点），按【Space】键调用"点工具"菜单并选择"中点"类型，拾取绘制直线中点即可获取镜像轴末点，选取两条斜线和竖直线并右击确认，结果如图 2-51 所示。

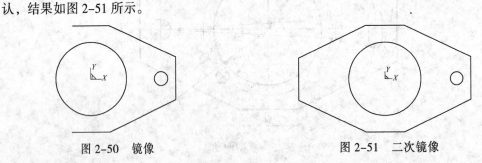

图 2-50　镜像　　　　　　　　　　　　　图 2-51　二次镜像

（6）单击"直线"按钮，在立即菜单中选择"角度线"、"X 轴夹角"、"45.000"选项，拾取坐标原点，在超过右侧直线的任一处单击，结果如图 2-52 所示。

（7）单击"圆弧"按钮 ╱，在立即菜单中选择"圆心_半径_起始角"方式，设置起始角 0.000，终止角 90.000，然后拾取圆弧的圆心（坐标原点），输入圆弧半径值为 60 并按【Enter】键确认，右击退出，结果如图 2-53 所示。

（8）单击"圆"按钮 ⊙，在立即菜单中选择"圆心_半径"方式，然后拾取步骤（6）和步骤（7）绘制的直线和圆弧交点为圆心，输入圆的半径值为 6 并按【Enter】键确认，右击退出，结果如图 2-54 所示。

（9）单击"阵列"按钮，在立即菜单中选择"圆形"、"均布"、"4 份"选项，如图 2-55 所示。右击，拾取ϕ12 的圆并右击，再拾取坐标原点，右击退出。

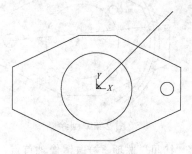

图 2-52 直线绘制

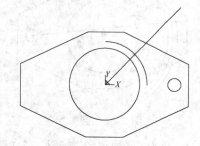

图 2-53 圆弧绘制

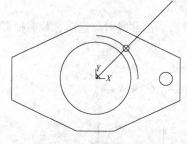

图 2-54 绘制圆

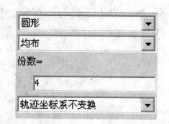

图 2-55 圆形阵列

（10）单击"删除"按钮，拾取步骤（6）、（7）绘制的直线和圆弧，右击退出。

（11）单击"圆弧"按钮图标 $\curvearrowright$，在立即菜单中选择"圆心_半径_起始角"方式，设置起始角"100.000"，终止角"240.000"，然后拾取圆弧的圆心（坐标原点），输入圆弧半径值为 100 并按【Enter】键确认，右击退出，结果如图 2-56 所示。

（12）单击"直线"按钮，在立即菜单中选择"角度线"、"X 轴夹角"选项、输入"174"，拾取半径为 8 的圆的圆心，在超过左侧直线的任一处单击，结果如图 2-57 所示。

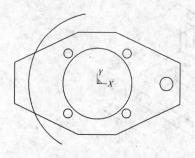

图 2-56 绘制圆

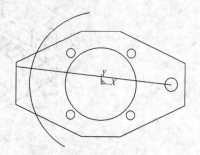

图 2-57 绘制直线

（13）单击"等距线"按钮，在立即菜单中选择"单根曲线"、"等距"、"距离 6.5"、"精度 0.100"选项，右击，拾取步骤（11）所绘制圆弧，选择等距方向向右，再拾取步骤（11）所绘制圆弧，选择等距方向向左，右击退出，结果如图 2-58 所示。

（14）单击"圆"按钮 $\oplus$，在立即菜单中选择"圆心_半径"方式，然后拾取步骤（12）、（13）

绘制直线、圆弧交点为圆心，输入圆的半径值为 6.5 并按【Enter】键确认，右击退出，结果如图 2-59 所示。

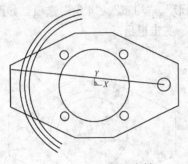

图 2-58　圆弧绘制

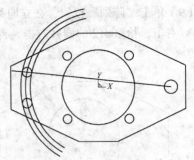

图 2-59　圆绘制

（15）单击"平面镜像"按钮，在立即菜单中选择"拷贝"选项，拾取镜像轴首点（原点），按【Space】键调用"点工具"菜单并选择圆心类型，拾取半径为 8 的小圆即可获取镜像轴末点（小圆圆心），选取步骤（14）绘制的圆并右击确认。

（16）单击"曲线裁剪"按钮，选择"快速裁剪"、"正常裁剪"选项，裁剪掉多余直线和圆弧。结果如图 2-60 所示。

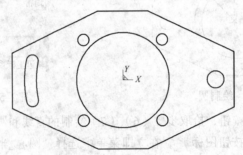

图 2-60　结果图

【例 2-6】绘制图 2-61 所示图形。

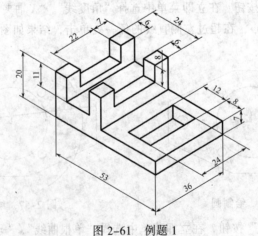

图 2-61　例题 1

操作步骤如下：

（1）新建文件，命名为 xianjia1。

（2）按【F5】键，选择 XY 平面为视图平面及作图平面。

（3）单击"矩形"按钮，选择"两点矩形"选项。选择坐标原点为起点，输入终点（36，53）并按【Enter】键确认，右击退出，结果如图2-62所示。

（4）单击"等距线"按钮，选择"单根曲线"、"等距"选项，输入"距离为24，右击确认，拾取矩形上边线段，选取方向向下，右击确认，结果如图2-63所示。

图 2-62 矩形　　　　　　　　　　　　　图 2-63 中间直线

（5）单击"曲线打断"按钮，拾取步骤（4）所绘制直线两个端点处，把矩形两长边打断。

（6）单击"矩形"按钮，选择"两点矩形"选项。输入起点（6，8），输入终点（30，20）并按【Enter】键确认，右击退出，结果如图2-64所示。

（7）单击"平移"按钮，选择"偏移量"、"拷贝"选项，设定 DX 值为 0，DY 值为 0，DZ 值为 9，每设定一个值右击确认一次（下同）。框选所绘制的上边矩形，右击确认。设定 DX 值为 0，DY 值为 0，DZ 值为 6，框选所绘制的下边两个矩形，右击确认并按【F8】键，按轴测图显示图形，如图2-65所示。

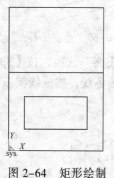
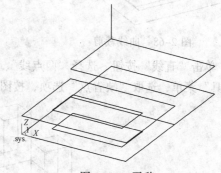

图 2-64 矩形绘制　　　　　　　　　　图 2-65 平移

（8）按【F9】键，切换作图平面为 YZ。

（9）单击"直线"按钮，选择"两点线"、"单个"和"非正交"选项，选择平移所得矩形的后对角点，按【Enter】键，输入（@，11）并确认。

（10）单击"平移"按钮，选择"偏移量"、"拷贝"选项，设定 DX 值为 7，DY 值为 0，DZ 值为 0，拾取步骤（9）所绘制直线，右击确认。设定 DX 值为 29，DY 值为 0，DZ 值为 0，拾取步骤（9）所绘制直线，右击确认，如图2-66所示。

（11）单击"平移"按钮，选择"偏移量"、"拷贝"选项，设定 DX 值为 0，DY 值为 0，DZ 值为 3，拾取平移所得矩形长边，右击确认，如图2-67所示。

（12）单击"直线"按钮，选择"两点线"、"单个"、和"非正交"选项，选择平移所得两个上端点进行连接。

（13）单击"曲线裁剪"按钮，选择"快速裁剪"、"正常裁剪"选项，然后选取多余线进行裁剪，如图2-68所示。

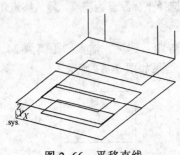

图 2-66　平移直线

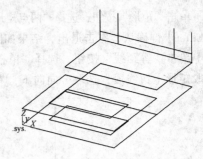

图 2-67　平移长边

（14）单击"平移"按钮，选择"偏移量"、"拷贝"选项，设定 DX 值为 0，DY 值为-6，DZ 值为 0，拾取步骤（9）所绘制直线，右击确认。设定 DX 值为 0，DY 值为-18，DZ 值为 0，拾取步骤（9）所绘制直线，右击确认。设定 DX 值为 0，DY 值为-24，DZ 值为 0，拾取平移矩形上部的直线，右击确认，如图 2-69 所示。

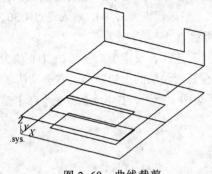

图 2-68　曲线裁剪

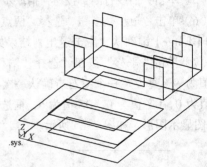

图 2-69　多次平移

（15）单击"直线"按钮，选择"两点线"、"单个"、"非正交"选项，按【Space】键调用"点工具"菜单，选取"缺省点"选项，按图 2-70 所示连接各线，构成线架三维图形。

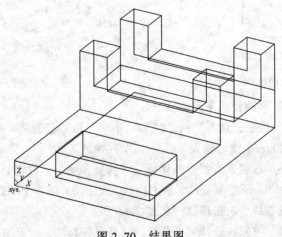

图 2-70　结果图

【例 2-7】　绘制图 2-71 所示图形。

操作步骤如下：

（1）新建文件，命名为 Xian Jian I。

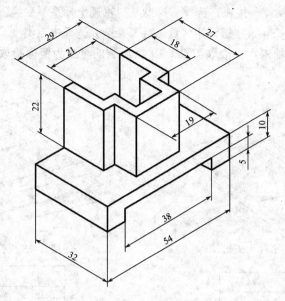

图 2-71 例题 2

（2）按【F5】键，选择 XY 平面为视图平面及作图平面。

（3）单击"矩形"按钮，选择"中心_长_宽"、"长 32"选项，输入宽度为 54。拾取坐标原点为中心点，右击退出，结果如图 2-72 所示。

（4）单击"等距线"按钮，选择"单根曲线"、"等距"选项，输入距离为 8，拾取矩形上、下两条直线，分别向矩形内部等距，右击退出，结果如图 2-73 所示。

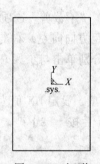

图 2-72 矩形

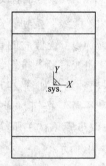

图 2-73 等距线

（5）单击"曲线打断"按钮，拾取矩形左、右两条直线，再分别单击两条等距线与直线的交点，右击退出。

（6）单击"平移"按钮，选择"偏移量"、"拷贝"选项，设定 DX 值为 0，DY 值为 0，DZ 值为-5，选取步骤（3）所绘制的大矩形，右击确认后按【F8】键，按轴测图显示图形，如图 2-74 所示。设定"DX"值为 0，DY 值为 0，DZ 值为-10，选所绘制图的上、下两个小矩形，右击确认，结果如图 2-75 所示。

（7）按【F5】键，选择 XY 平面为视图平面及作图平面。

（8）单击"直线"按钮，选择"两点线"、"连续"、"非正交"选项，按【Enter】键调用数据文本后框输入（-16，14.5）、（@18）、（@，-5）、（@9）、（@，-9.5），右击退出，结果如图 2-76 所示。

（9）单击"平面镜像"按钮，选择"拷贝"、"轨迹坐标系不变换"选项，拾取坐标原点作为镜像轴首点，按【Space】键调用"点工具"菜单并选择中点类型，拾取矩形两垂直边直线中点即可获取镜像轴末点，拾取步骤（8）所绘制的直线为镜像拾取元素，右击确认，结果如图 2-77 所示。

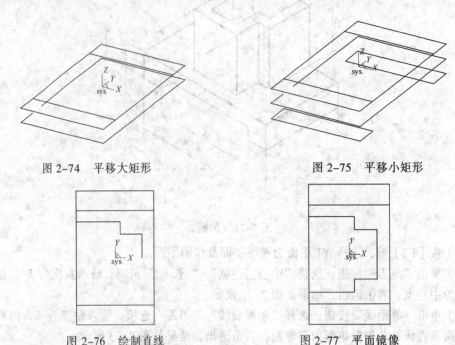

图 2-74　平移大矩形　　　　　　　　　　图 2-75　平移小矩形

图 2-76　绘制直线　　　　　　　　　　图 2-77　平面镜像

（10）单击"等距线"按钮，选择"组合曲线"、"尖角"、"不裁剪"选项，设置等距值为4选项，拾取步骤（9）镜像后的直线，右击确认，选择等距方向向左，右击退出。

（11）单击"曲线打断"按钮，拾取矩形左边直线，再分别单击与步骤（10）产生的直线的交点，右击退出，结果如图 2-78 所示。

（12）单击"平移"按钮，选择"偏移量"、"拷贝"选项，设定 DX 值为 0，DY 值为 0，DZ 值为 22，选取步骤（10）所绘制的封闭线框，右击确认后按【F8】键，按轴测图显示图形，结果如图 2-79 所示。

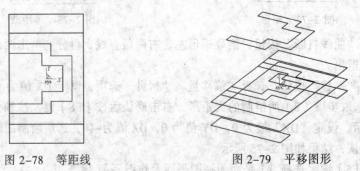

图 2-78　等距线　　　　　　　　　　图 2-79　平移图形

（13）单击"直线"按钮，选择"两点线"、"单个"、"非正交"选项，按【Space】键调用"点工具"菜单，选取"缺省点"类型，按图 2-80 所示连接各线。

（14）单击"平移"按钮，选择"偏移量"、"拷贝"选项，设定 DX 值为 0，DY 值为 8，DZ 值为 0，选底座左边垂直线，右击确认，设定 DX 值为 0，DY 值为 -8，DZ 值为 0，选底座左边垂直线后按【F8】键，按轴测图显示图形，如图 2-81 所示。

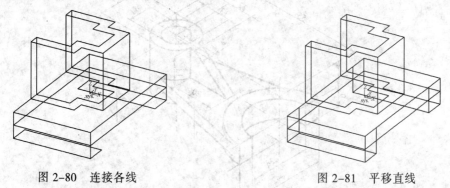

图 2-80 连接各线   图 2-81 平移直线

（15）单击"曲线裁剪"按钮，选择"快速裁剪"、"正常裁剪"选项，然后选取多余线进行裁剪，结果如图 2-82 所示。

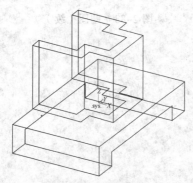

图 2-82 结果图

思考与练习

绘制图 2-83 所示图形。

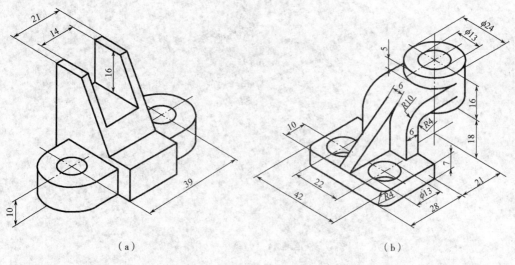

（a）   （b）

图 2-83 题图

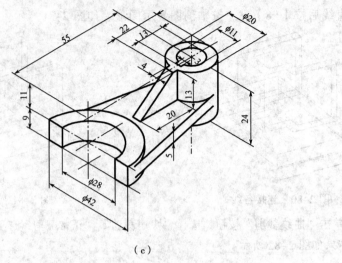

（c）

图 2-83　题图（续）

项目三 曲面造型

- 项目引言

CAXA 制造工程师 2011 为曲线绘制提供了以下功能：直线、圆弧、圆、矩形、样条、点、公式曲线、多边形、二次曲线、等距线、曲线投影、相关线和文字等。读者可以利用这些功能、方便、快捷的绘制出各种各样复杂的曲线及曲面。

- 能力目标

1. 熟练使用曲面及曲线造型命令。
2. 了解边界面的概念及绘制方法。

任务一 各曲面造型的操作方法

任务描述：

掌握曲面造型的操作方法及步骤，了解边界面的概念及绘制方法。

一、曲面

（一）边界面

边界面是指在由已知曲线围成的边界面区域上生产曲面。

边界面有两种类型：四边面和三边面。四边面是指通过四条空间曲线生产平面；三边面是指通过三条空间曲线生产平面。

（1）选择"应用"→"曲名生成"→"边界面"命令，或单击"边界面"按钮◇。

（2）选择"四边面"或"三边面"选项。

（3）拾取空间曲线，完成操作。边界面效果如图 3–1 所示。

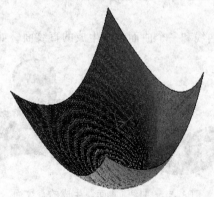

图 3–1 拾取"边界面"

（二）直纹面

直纹面是一根直线两端点分别在两曲线上匀速运动而形成的轨迹曲面。直纹面生成有：曲线+曲线、点+曲线和曲线+曲面三种方式，如图 3–2 所示。

（1）选择"应用"→"曲面生成"→"直纹面"命令，或单击"直纹面"按钮[]。

（2）在立即菜单中选择"直纹面"方式。

（3）按状态栏的提示操作，生成直纹面。

1. 曲线+曲线

曲线+曲线是指在两条自由曲线之间生产直纹面，如图3-3所示。

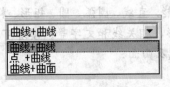

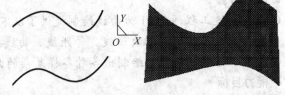

图3-2 直纹面选择方式   图3-3 "曲线+曲线"方式生成的直纹面

（1）选择"曲线+曲线"方式。

（2）拾取第一条空间曲线。

（3）拾取第二条空间曲线，拾取完毕后即生成直纹面。

2. 点+曲线

点+曲线是指在一个点和一条曲线之间生产的直纹面，如图所示3-4所示。

图3-4 "点+曲线"方式生成的直纹面

（1）选择"点+曲线"方式。

（2）拾取空间点。

（3）拾取空间曲线，拾取完毕立即生成直纹面。

3. 曲线+曲面

曲线+曲面是指在一条曲线和一个曲面之间生成的直纹面，如图3-5所示。

图3-5 "曲线+曲面"生成的直纹面

曲线+曲面方式生成直纹面时，曲线沿着另一个方向曲面投影，同时曲线与这个方向垂直的平面内以一定的锥度扩张或收缩，生成另一条曲线，在这两条曲线之间生成直纹面。

（1）选择"曲线+曲面"方式。

（2）设置"角度"和"精度"。

（3）拾取曲面。

（4）拾取空间曲线。

（5）输入投影方向，或【Space】键弹出"矢量工具"菜单，选择投影方向。

（6）选择锥度方向。单击箭头方向即可。

（7）生成直纹面。

各参数功能如下：

角度：锥体母线与中心线的夹角。

（三）旋转面

旋转面是指按给定的起始角度、终止角度将曲线绕一旋转轴旋转生成的轨迹曲面。

（1）选择"应用"→"曲面生成"→"旋转面"命令，或单击"旋转"按钮 。

（2）输入起始角度和终止角度值。

（3）拾取空间直线为旋转轴，并选择方向。

（4）拾取空间曲线为母线，拾取完毕后即可生成选择面。起始角度为零度，终止角度为 360°生成的旋转面，如图 3-6 所示。

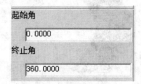

图 3-6 起始角度为 0°，终止角度为 360°生成的旋转面

（四）扫描面

扫描面是指按照给定的起始位置和扫描距离将曲线沿指定方向以一定的锥度扫描成曲面，如图 3-7 所示。

（1）选择"应用"→"曲面生成"→"扫描面"命令，或单击"扫描面"按钮 。

（2）输入起始距离、扫描距离、扫描角度和精度等参数。

（3）按【Space】键弹出矢量工具，选择扫描方向。

（4）拾取空间曲线。

（5）若扫描角度不为零，选择扫描夹角方向，扫描面生成。

各参数功能如下：

起始距离：生成曲面的起始位置与曲线平面沿扫描方向上的距离。

扫描距离：生成曲面的起始位置与终止位置沿扫描方向上的距离。

扫描角度：生成的曲面母线与扫描方向的夹角。

图 3-7 所示为扫描起始距离不为零的情况。

图 3-7 扫描生成的曲面

（五）导动面

导动面是指让特征截面线沿着特征轨迹线的某一方向扫动生成曲面。导动面生成有六种方式：平行导动、固接导动、导动线&平面、导动线&边界线、双导动线和管道曲面。

（1）选择"应用"→"曲面生成"→"导动面"命令，或单击"导动面"按钮。

（2）选择导动方式。

（3）根据不同的导动方式下的提示，完成操作。

1. 平行导动

平行导动是指截面线沿导动线趋势始终平行它自身的移动而生成的曲面，截面线在运动过程中没有任何的旋转。平行导动生成的导动面如图 3-8 所示、

（1）激活"导动面"功能，选择"平行导动"方式。

（2）拾取导动线，并选择方向。

（3）拾取截面线，即可生成导动面。

图 3-8　平行导动生成的导动面

2. 固接导动

固接导动是指在导动过程中，截面线和导动线保持固接关系，即让截面线平面与导动线的切矢方向保持相对角度不变，而且截面线在自身相对坐标架中的位置关系保持不变，截面线沿导动线变化的趋势导动生成曲面。

固接导动有单截面线和双截面线两种，也就是说截面线可以是一条或两条。单截面线和双截面线生成的导动面如图 3-9 所示。

图 3-9　单截面线和双截面线生成的导动面

（1）选择"固接导动"方式。

（2）选择单界面线或双截面线。

（3）拾取导动线，并选择导动方向。

（4）拾取截面线。如果是双截面线导动，应拾取两条截面线。

（5）生成导动面。

3. 导动线&平面

导动线&平面是指截面线按以下规则沿一条平面或空间导动线扫动生成曲面。其特点如下：截面线平面的方向与导动线上每一点的切矢方向之间相对夹角始终保持不变；截面线的平面方向与所定义的平面法矢方向始终保持不变。

这种导动方式尤其适用用于导动线是空间曲线的情形，截面线可以是一条或两条。单截面线生成的截面如图 3-10 所示。

图 3-10　单截面线生成的截面

（1）选择"导动线&平面"方式。

（2）单击截面线。

（3）输入平面法矢方向。按【Space】键，弹出"矢量工具"菜单，选择方向。

（4）拾取导动线，并选择导动方向。

（5）拾取截面线。

（6）生成导动面。

4. 导动线&边界线

导动线&边界线是指截面线按以下规则一条导动线扫动生成曲面。其特点如下：运动过程中截面线平面始终与导动线垂直；运动过程中截面线平面与两边界面要有两个交点；对截面线进行缩放，将截面线横跨于两个交点上。

图 3-11 所示为单截面线等高导动。

图 3-11　单截面线等高导动

（1）选择"导动线&边界线"方式。

（2）选择单截面线或者双截面线。

（3）选择等高或变高。

（4）拾取导动线，并选择导动方向。

（5）拾取第一条边界线。

（6）拾取第二条边界线。

（7）拾取截面线。

（8）生成导动面。

5. 双导动线

双导动线是指将一条或两条截面线沿着两条导动线匀速的扫动生成曲面。

双导动线导动支持等高导动和变高导动，如图 3-12 所示。

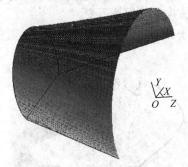

图 3-12　单截面线等高导动

（1）选择"双导动线"方式。

（2）选择单截面线。

（3）选择等高或变高。

（4）拾取第一条导动线，并选择方向。

（5）拾取第二条导动线，并选择方向。

（6）拾取截面线。

（7）生成导动面。

6. 管道曲面

管道曲面给定起始半径和终止半径的圆形截面沿指定的中心线扫动生成的曲面。

截面线为一整圆，截面线在导动过程中，其圆心总是位于导动线上，且圆所在平面总是导动垂直。圆形截面可以是两个，分别是由起始半径和终止半径决定，生成变半径的管道曲面，管道曲面的生成如图 3-13 所示。

图 3-13　管道曲面的生成

（1）选择"管道曲面"方式。

（2）输入起始半径、终止半径和精度。

（3）拾取导动线，并选择方向。

（4）生成导动面。

（六）等距面

等距面是指按给定的距离和等距方向生成与已知平面等距的平面。这个命令类似于曲线中的"等距线"命令，不同的是"线"改成了"面"。

（1）选择"应用"→"曲面生成"→"等距面"命令。

（2）填入等距距离。

（3）拾取平面，选择等距方向。

（4）生成等距面，如图 3-14 所示。

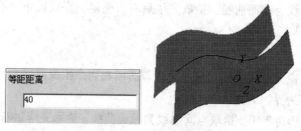

图 3-14 生成等距面

（七）放样面

放样面是指以一组互不相交、方向相同、形状相似的特征线（或截面线）为骨架进行形状控制，过这些曲线蒙面生成的曲面称为放样面。

（1）选择"应用"→"曲面生成"→"放样面"命令。

（2）选择截面曲线或者曲面边界。

（3）按状态栏提示，完成操作。

（八）网格面

网格面是指以网格曲线为骨架，蒙上自由曲面生成的曲面称之为网格面。网格曲线是由特征线组成的横竖相交线。

网格面生成的思路：首先构造曲面的特征网格线以确定曲面的初始骨架形状，然后自由曲面插值特征网格线生成曲面。特征网格线可以是曲面边界线或曲面截面线等。可以生成封闭的网格面。

（1）选择"应用"→"曲面生成"→"网格面"命令，或单击"网格面"按钮 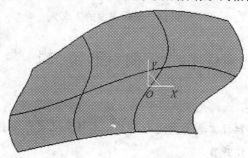。

（2）拾取空间曲线为 U 向截面线，右击确定。

（3）拾取空间曲线为 V 向截面线，右击确定，完成操作。网格面的生成如图 3-15 所示。

图 3-15 边界曲面

（九）体表面

体表面是指把通过特征生成的实体表面剥离出来而形成一个独立的面。

（1）选择"应用"→"曲面生成"→"体表面"命令。

（2）按提示拾取实体表面，如图 3-16（a）所示。

二、截面曲线

截面曲线通过一组空间曲线作为截面来生成封闭或者不封闭的曲面。

（1）选择"截面曲线"方式。

（2）选择封闭或者不封闭曲面。

（3）拾取空间曲线为截面曲线，拾取完毕后右击确定，完成操作。不封闭放样面和封闭放样面如图 3-16（b）所示。

三、曲面边界

曲面边界是指以曲面的边界线和截面曲线与曲面相切来生成曲面。

（1）选择"曲面边界"方式。

（2）在第一条曲面边界上。拾取空间曲线为截面曲线，拾取完毕后右击确定，完成操作。

（3）在第二条曲面边界线上拾取其所在的平面，完成操作，如图 3-16（c）所示。

（a）生成体表面

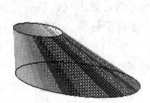

（b）封闭及不封闭的放样面

（c）边界曲面

图 3-16　鼠标表面的生成

任务二　曲面编辑

任务描述：

在完成曲面造型后，往往需要再次进行编辑，本任务主要介绍在编辑曲面时一些常用的功能，以及可以实现的具体操作。

（一）曲面裁剪

曲面裁剪是指对生成的曲面进行修剪，去掉不需要的部分。

在曲面裁剪功能中，可以选择各种元素，包括各种曲线和曲面来修理和裁剪曲面，从而获得所需的曲面形状，也可以将被裁减来的曲面恢复到原来的样子。曲面裁剪有五种方式：投影线裁剪、等参数线裁剪、线裁剪、面裁剪和裁剪恢复。

（1）选择"应用"→"曲面编辑"→"曲面裁剪"命令，或单击"曲面裁剪"按钮 。

（2）在立即菜单中选择"曲面裁剪"的方式。

（3）根据状态栏提示完成操作。

下面对曲面裁剪的五种方式依次进行介绍。

1. 投影线裁剪

投影线裁剪是将空间曲线沿给定的固定方向投影到曲面上，形成剪刀线来裁剪曲面。

需要注意的是，裁剪时保留拾取点所在的那部分曲面，拾取的裁剪曲线沿指定投影方向向被裁剪曲面投影时必有投影线，否则无法裁剪曲面；在输入投影方向时可利用"矢量工具"菜单。投影线裁剪如图 3-17 所示。

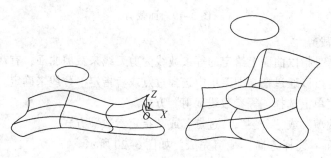

图 3-17　投影线裁剪

操作步骤如下：

（1）在立即菜单上选择"投影线裁剪"和"裁剪"方式。

（2）拾取被裁剪的曲面（选取需要保留的部分）。

（3）输入投影方向。按【Space】键，弹出"矢量工具"菜单，选择投影方向。

（4）拾取剪刀线。拾取曲线，曲线变红，裁剪完成。

2. 线裁剪

线裁剪是指曲面上的曲线沿曲面法矢方向投影到曲面上，形成剪刀线来裁剪曲面。

（1）在立即菜单上选择"裁剪线"和"裁剪"方式。

（2）拾取被裁剪曲面（选取需要保留的部分）。

（3）拾取剪刀线。拾取曲线，曲线变红，裁剪完成，如图 3-18 所示。

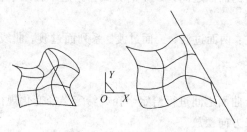

图 3-18　线裁剪

3. 面裁剪

面裁剪剪刀曲面和被裁剪求交，用求得的交线作为剪刀线来裁剪曲面。

（1）在立即菜单上选择"面裁剪"或"分裂"、"相互裁剪"或"裁剪曲面 1"选项。

（2）拾取被裁剪的曲面（选取需要保留的部分）。

（3）拾取剪刀曲面，裁剪完成，如图 3-19 所示

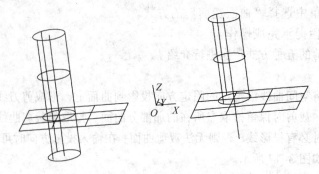

图 3-19 面裁剪

4. 等参数线裁剪

等参数线裁剪是指以曲面上给定的等参数线为剪刀线来裁剪曲面，有裁剪和分裂两种方式。参数线的给定可以通过在立即菜单中选择过点或者指定参数线来确定。

（1）在立即菜单上选择"等参数线裁剪"方式。

（2）选择"裁剪"或"分裂"，"过点"或"指定参数"方式。

（3）拾取曲面，选择方向，裁剪完成，如图 3-20 所示。

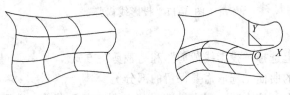

图 3-20 等参数线裁剪

5. 裁剪恢复

裁剪恢复是指将拾取到的曲面裁剪部分恢复刀没有裁剪的状态。若拾取的裁剪边界是内边界，则系统将取消对改边界施加的裁剪。若拾取的是外边界，则系统将把外边界回复到原始边界状态。

（二）曲面过渡

曲面过渡是指在给定的曲面之间以一定的方式作给定半径或半径规律的圆弧过渡面，以实现曲面之间的光滑过渡。

曲面过度有七种方式：两面过渡、三面过渡、系列面过渡、曲线曲面过渡、参考线过渡、曲面上线过渡和两线过渡。

1. 两面过渡

两面过渡是指在两个曲面之间进行给定半径或给定半径变化规律的过渡，生成的过渡面的截面将沿两曲面的法矢方向摆放。

两面过渡有两种方式：等半径过渡和变半径过渡。

"等半径"操作步骤如下：

（1）在立即菜单中选择"两面过渡"、"等半径"和是否裁剪曲面，输入半径值。

（2）拾取第一张曲面，并选择方向。

（3）拾取第二张曲面，并选择方向，指定方向，曲面过度完成，如图 3-21 所示。

"变半径"操作步骤如下：

（1）在立即菜单中选择"两面过渡"、"变半径"和是否裁剪曲面。

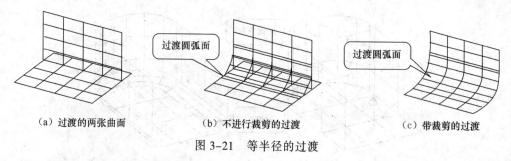

（a）过渡的两张曲面　　　（b）不进行裁剪的过渡　　　（c）带裁剪的过渡

图 3-21　等半径的过渡

（2）拾取第一张曲面，并选择方向。

（3）拾取第二张曲面，并选择方向。

（4）拾取参考曲线，指定曲线。

（5）指定参考曲线上点并定义半径，指定点后，弹出立即菜单，在立即菜单中输入半径值。

（6）可以指定多点及其半径，所有点都指定完后，右击确认，曲面过渡完成。

2. 三面过渡

三面过渡是指在三个曲面之间对两面进行过渡处理，并用一个角面经所得到的三个过渡面连接起来。

若两两曲面之间的三个过渡半径相等，称为三面等半径过渡；若两两曲面之间的三个过渡半径不相等，称为三面变半径过渡。

（1）在立即菜单中选择"三面过渡"、"内过渡"或"外过渡"、"等半径"或"变半径"选项并确定是否裁剪曲面后，输入半径值。

（2）按状态栏中提示拾取曲面，选择方向，曲面过渡完成，如图 3-22 所示。

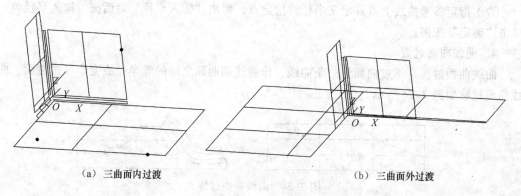

（a）三曲面内过渡　　　　　　　　　　　　（b）三曲面外过渡

图 3-22　三面过渡

3. 系列面过渡

系列面是指首尾相接、边界重合，并在重合边界处保持光滑连接的多张曲面集合。系列面过渡就是在两个系列面之间进行过渡处理，如图 3-23 所示。其包括"等半径"过渡和"变半径"过渡。

"等半径"过渡操作步骤如下：

（1）在立即菜单中选择"系列面过渡"、"等半径"选项并确定是否裁剪曲面后，输入半径值。

（2）拾取第一系列曲面，依次拾取每一系列所有曲面，拾取完后右击确认。

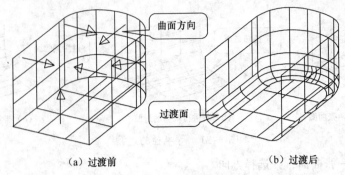

（a）过渡前 　　　　　　　　　（b）过渡后

图 3-23　系列面过渡

（3）改变曲线方向，当显示的曲线方向与所需要的不同时，单击拾取该曲面，曲面方向改变，右击确认。

（4）拾取第二系列曲面，依次拾取每二系列所有曲面，拾取完成后右击确认。

（5）改变曲线方向，改变曲线方向后，右击确认，系列面过渡完成。

"变半径"过渡操作步骤如下：

（1）在立即菜单中选择"系列面过渡"、"变半径"选项并确定是否裁剪曲面。

（2）拾取第一系列曲面，拾取每一系列所有曲面，右击确认。

（3）改变曲线方向，改变曲线方向后，右击确认。

（4）拾取第二系列曲面，依次拾取第二系列所有曲面，拾取完成后右击确认。

（5）改变曲线方向，改变曲线方向后，右击确认。

（6）拾取参考曲线。

（7）指定参考曲线上点并定义半径，指定点，弹出"输入半径"对话框，输入半径值，单击"确定"按钮。

4. 曲线曲面过渡

曲线曲面过渡是指过曲面外一条曲线，作曲线和曲面之间的等半径或变半径过渡面。曲线曲面过渡如图 3-24 所示。

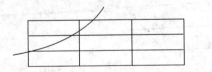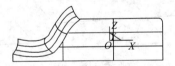

图 3-24　曲线曲面过渡

"等半径"过渡操作步骤如下：

（1）在立即菜单中选择"曲线曲面过渡"、"等半径"选项并确定是否裁剪曲面后，输入半径值。

（2）拾取曲面。

（3）单击所选方向。

（4）拾取曲线，曲线曲面过渡完成。

"变半径"过渡操作步骤如下：

（1）在立即菜单中选择"曲线曲面过渡"、"变半径"选项并确定是否裁剪曲面。

（2）拾取曲面。

（3）单击所选方向。

（4）拾取曲线。

（5）指定参考线上点，输入半径值，单击"确定"按钮。指定完要定义的所有点后，右击确定，系列面过渡完成。

5. 参考线过渡

参考线过渡是指给定一条参考线，在两曲面之间作等半径或变半径过渡，生成的相切过渡面的截面将位于垂直与参考线的平面内。

变半径过渡时，用户可以在参考线上选定一些位置点定义所需要的过渡半径，将获得在给定截面位置上所需要精确半径的过渡曲面。

参考线应该是光滑曲线。在没有特别要求的情况下，参考线的选择应尽量简单。

"等半径"过渡操作步骤如下：

（1）在立即菜单中选择"参数线过渡"、"等半径"选项并确定是否裁剪曲面后，输入半径值。

（2）拾取第一张曲面，单击所选方向。

（3）拾取第二张曲线。

（4）拾取参考曲线，参数线过渡完成。

"变半径"过渡操作步骤如下：

（1）在立即菜单中选择"参数线过渡"、"变半径"选项并确定是否裁剪曲面。

（2）拾取第一张曲面，单击选择方向。

（3）拾取第二张曲面。

（4）拾取参考曲线。

（5）指定参考曲线上点，输入半径值，单击"确定"按钮。指定完要定义的所有点后，右击确定，参数线过渡完成，如图 3-25 所示。

6. 曲面上线过渡

两曲面间作过渡，指定第一曲面上的一条线为过度面的引导边界线的过渡方式。系统生成的过渡面将和两个面相切，并以导线为过渡面的一个边界，即过渡面过此导引线和第一曲面相切。

说明：导引线必须光滑，并在第一曲面上，否则系统不予以处理。曲面上线过渡如图 3-26 所示。

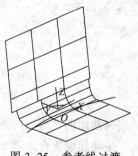

图 3-25　参考线过渡

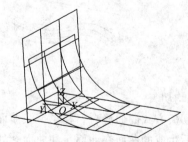

图 3-26　曲面上线过渡

7. 两线过渡

两线过渡是指两曲线间作过渡，生成给定的半径，以两曲面的两条边界线或者一个曲面的一条边界线和一条空间脊线为边生成过渡面。

两线过渡有两种方式：脊线+边界线和两边界线。两线过渡如图 3-27 所示。

（1）在立即菜单中选择"两线过渡"、"脊线+边界线"或"两边界线"选项，输入半径值。

（2）按状态栏中提示操作。

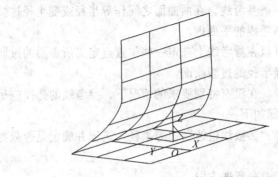

图 3-27　两线过渡

（三）曲面缝合

曲面缝合是指将两个曲面光滑连接为一个曲面。

曲面缝合有两种方式：通过曲面 1 的切矢进行光滑过渡连接和通过两曲面的平均切矢进行光滑过渡连接。

（1）选择"应用"→"曲线编辑"→"曲面缝合"命令。

（2）选择曲面缝合的方式。

（3）根据状态栏提示完成操作。

1. 曲面切矢

曲面切矢方式曲面缝合，即在第一张曲面的连接边界处按曲面强的切向方向和第二张曲面进行连接，这样，最后生成的曲面仍保持有曲面 1 形状的部分。曲面切矢缝合如图 3-28 所示。

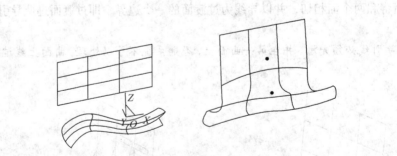

图 3-28　曲面切矢缝合

2. 平均切矢

平均切矢方式曲面缝合，在第一张曲面的连接边界处按两曲面的平均切向方向进行光滑连接，最后生成的曲面在曲面 1 和曲面 2 处都改变了形状。平均切矢缝合如图 3-29 所示。

（1）在立即菜单中选择"平均切矢"方式。

（2）拾取第一张曲面。

（3）拾取第二张曲面，曲面缝合完成。

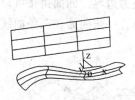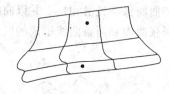

图 3-29 平均切矢缝合

（四）两面拼接

做一曲面，使其连接两给定曲面的指定对应边界，并在连接处保证光滑。当遇到要把两个曲面从对应的边界处光滑连接时，用曲面过渡的方法无法实现，因为过渡面不一定通过两个原曲面的边界。这时就需要用到曲面拼接的功能，过曲面边界光滑连接曲面。图 3-30 所示为两曲面拼接效果。

（1）拾取第一张曲面。

（2）拾取第二张曲面，拼接完成。

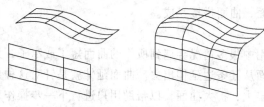

图 3-30 两曲面拼接

（五）三面拼接

三面拼接是指作一曲面，使其连接三个给定曲面的指定对应边界，并在连接处保证光滑。

三个曲面在角点处两两相接，成为一个封闭区域，中间留下一个"洞"，三面拼接就能光滑拼接三张曲面及其边界而进行"补洞"处理，如图 3-31 所示。

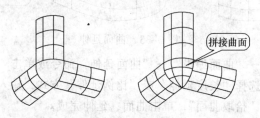

图 3-31 三曲面拼接

（1）在立即菜单中选择"拼接"方式。

（2）拾取第一张曲面。

（3）拾取第二张曲面。

（4）拾取第三张曲面，曲面拼接完成。

（六）四面拼接

四面拼接是指作一曲面，使其连接四个给定曲面的指定对应边界，并在连接处保证光滑。

四个曲面在角点处两两相接，形成一个封闭区域，中间留下一个"洞"，四面拼接就能光滑拼接四张曲面及其边界而进行"补洞"处理，如图 3-32 所示。

在四面拼接中，使用的元素不仅局限于曲面，还可以是曲线，即可以拼接曲面和曲线围成的区域，拼接面和曲面保持光滑相接，并以曲线为边界。四面拼接可以对三张曲面和一条曲线围成的区域，两张曲面和两条曲线围成的区域，一张曲面和三条曲线围成的区域进行四面拼接。

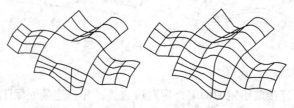

图 3-32　四曲面拼接

（1）在立即菜单中选择四面拼接方式。

（2）拾取第一张曲面。

（3）拾取第二张曲面。

（4）拾取第三张曲面。

（5）拾取第四张曲面，曲面拼接完成。

（七）曲面延伸

曲面延伸是指在应用中很多情况会遇到所作的曲面短了或窄了，无法进行一些操作的情况。这就需要把一张曲面从某条边延伸出去。曲面延伸就是针对这种情况，把原曲面按所给长度沿相切的方向延伸出去，扩大曲面，以帮助用户进行下一步操作，如图 3-33 所示。

沿切向
延伸出

图 3-33　曲面延伸

（1）选择"造型"→"曲面编辑"→"曲面延伸"命令或单击"曲面延伸"按钮。

（2）在立即菜单中选择"长度延伸"或"比例延伸"方式，输入长度或比例值。

（3）状态栏中提示"拾取曲面"，单击曲面，延伸完成。

任务三　鼠标的造型

任务描述

通过两种造型方式编辑鼠标，掌握曲线造型与实体造型曲面编辑的方法与步骤。

（一）曲线造型鼠标

具体操作步骤如下：

（1）单击"两点矩形"下三角箭头 两点矩形 ▼ ，选择"中心_长_宽"选项 中心_长_宽 ▼ ，输入长度为 60，宽度为 100，单击坐标原点，将矩形中心定位到坐标原点，如图 3-34 所示。

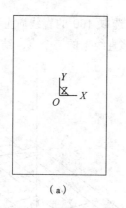
（a）

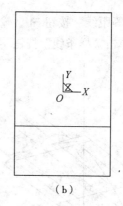
（b）

图 3-34 定位矩形中心

（2）单击"等距线"按钮 ⫟，输入距离为 30，拾取矩形的下短边，向上偏移；再输入距离为 8，拾取上短边向下偏移，如图 3-35（a）所示。

（3）单击"圆弧"按钮 ⌒，切换到"三点圆弧"方式，分别拾取偏移后的直线上的三点，结果如图 3-35（b）所示。切换到 *YOZ* 平面，单击"直线"按钮 ⟋，切换到"水平/铅垂线"方式，输入长度为 150，拾取中心，结果如图 3-36 所示。

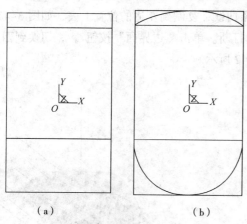
（a）　　　　　　　　（b）

图 3-35 偏移

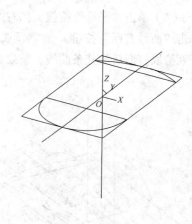

图 3-36 拾取中心

（4）单击"等距线"按钮 ⫟，输入距离为 10，拾取水平线，向上平移两次，如图 3-37 所示。单击"样条线"按钮 ∿，拾取刚平移直线的三个点，结果如图 3-38 所示。

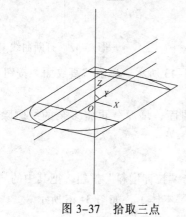

图 3-37 拾取三点

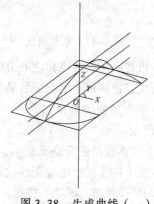

图 3-38 生成曲线（一）

（5）单击"等距线"按钮 ⌐，输入距离为 7，选取 100 的直线向上偏移两次，结果如图 3-39 所示。单击"样条线"按钮 ∿，拾取刚平移直线上的三个点，结果如图 3-40 所示。

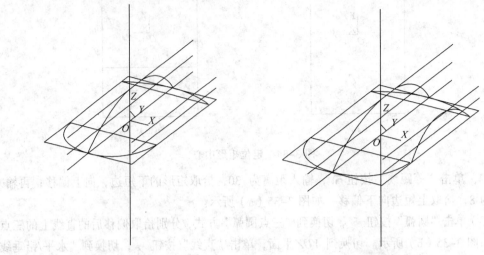

图 3-39　偏移直线　　　　　　　　　　　图 3-40　生成曲线（二）

（6）单击"平移"按钮，把右边的样条曲线，复制到左边的位置上去，如图 3-41 所示。单击"曲线打断"按钮 ✐，将圆弧和直线打断。单击"边界面"按钮 ◈，切换到四边面。分别拾取打断后的几条曲线，结果如图 3-42 所示。

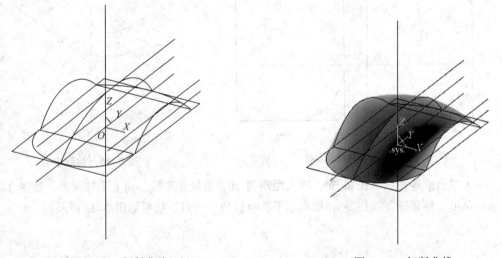

图 3-41　复制曲线　　　　　　　　　　　图 3-42　打断曲线

（7）再将底部的曲线相应的拾取，结果如图 3-43 所示。单击"直纹面"按钮 ▧，拾取侧面的直线，将两侧封闭起来结果如图 3-44 所示。

（8）单击"曲面加厚增料"按钮 ▨，拾取曲面，增厚。再将多余的线删除，结果如图 3-45 所示。

（二）实体造型曲面编辑鼠标

（1）按【F8】键，把视图换成轴侧状态，单击"拉伸增料"按钮，把其中的"深度"值修改为"30"，单击"确定"按钮，就生成鼠标的基本体了，如图 3-46 所示。

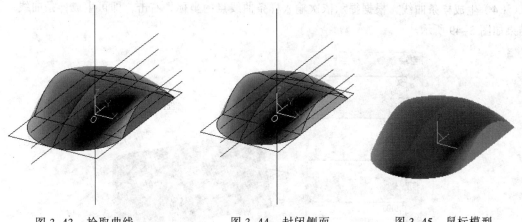

图 3-43　拾取曲线　　　　　图 3-44　封闭侧面　　　　　图 3-45　鼠标模型

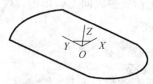

图 3-46　设置鼠标基本体参数

（2）选择"过渡"命令，设置半径为 6，单击拾取实体左右两条竖边，如图 3-47 所示。

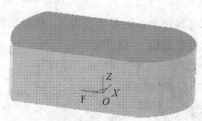

图 3-47　设置半径

（3）选择"拔模"命令，设置拔模角度为 6，然后单击拾取实体的底面，"中立面"拾取实体的侧面，最后单击"确定"按钮，如图 3-48 所示。

图 3-48　设置拔模参数

（4）生成样条曲线，根据提示依次输入样条曲线点的坐标，右击，即可生成样条曲线，结果如图 3-49 所示。

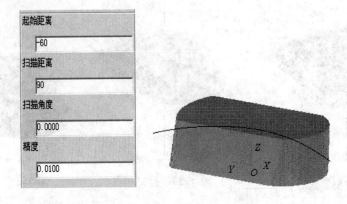

图 3-49　设置样条曲线

（5）用曲面裁剪实体，拾取刚生成的曲面，会显示出一个向下的箭头，选中"除料方向选择"复选框，把箭头换成向上，单击"确定"按钮，完成裁剪工作，把曲面和曲线删掉，结果如图 3-50 所示。

图 3-50　裁剪曲面

（6）顶部边界过渡，设置半径为 3，拾取顶部的一段边界，单击"确定"按钮完成过渡，最后完成鼠标模型如图 3-51 所示。

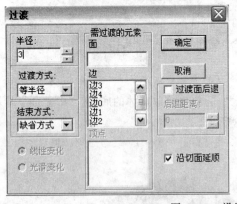

图 3-51　设置完成的鼠标模型

思考与练习

1. 绘制图 3-52 所示模型。

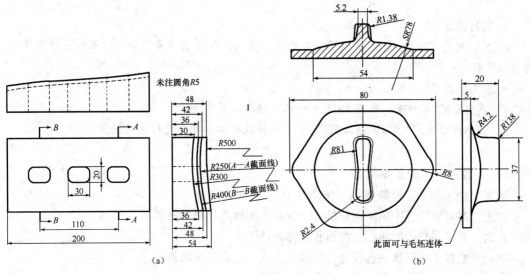

图 3-52 零件图样（一）

2. 绘制图 3-53 所示模型。

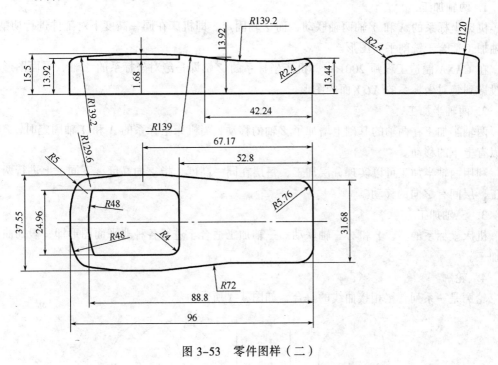

图 3-53 零件图样（二）

项目四　数控加工

- 项目引言

CAXA 制造工程师 2011 提供了直观的加工方法，能够通过多种加工方法对各种零件进行自动编程。

- 能力目标

1. 熟悉 CAXA 制造工程师 2011 中的粗、精加工的命令。

2. 能熟练运用 CAXA 制造工程师 2011 各种数控加工命令进行自动编程。

一、 数控加工的基本概念

运用 CAXA 制造工程师 2011 实现加工的过程如下：

首先，在后置设置中须配置好机床。这是正确输出代码的关键。

其次，看懂图样，用曲线、曲面和实体表达工件。

然后，根据工件形状，选择合适的加工方式，生成刀位轨迹。

最后，生成 G 代码，将加工指令传送给机床。

数控加工方式的基本概念如下：

1. 两轴加工

机床坐标系的 X 和 Y 轴两轴联动，而 Z 轴固定，即机床在同一高度下对工件进行切削。两轴加工适合于铣削平面图形。

在 CAXA 制造工程师 2001 中，机床坐标系的 Z 轴即是绝对坐标系的 Z 轴，平面图形均指投影到绝对坐标系的 XOY 面的图形。

2. 两轴半加工

两轴半加工在两轴的基础上增加了 Z 轴的移动，当机床坐标系的 X 和 Y 轴固定时，Z 轴可以有上下的移动。

利用两轴半加工可以实现分层加工，每层在同一高度（指 Z 向高度，下同）上进行两轴加工，层间有 Z 向的移动。

3. 三轴加工

机床坐标系的 X、Y 和 Z 三轴联动。三轴加工适合于进行各种非平面图形即一般的曲面的加工。

4. 轮廓

轮廓是一系列首尾相接曲线的集合，如图 4-1 所示。

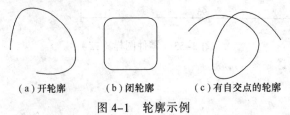

（a）开轮廓　　　　（b）闭轮廓　　　　（c）有自交点的轮廓

图 4-1　轮廓示例

在进行数控编程，交互指定待加工图形时，常需要用户指定图形的轮廓，用来界定被加工的区域或被加工的图形本身。如果轮廓是用来界定被加工区域的，则要求指定的轮廓是闭合的；如果加工的是轮廓本身，则轮廓也可以不闭合。

5. 区域和岛

区域指由一个闭合轮廓围成的内部空间，其内部可以有岛。岛也是由闭合轮廓界定的。

区域指外轮廓和岛之间的部分。由外轮廓和岛共同指定待加工的区域，外轮廓用来界定加工区域的外部边界，岛用来屏蔽其内部不需要加工或需要保护的部分，如图 4-2 所示。

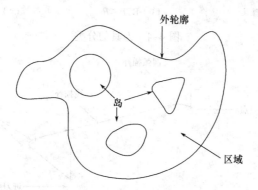

图 4-2 轮廓与岛关系

6. 刀具

CAXA 制造工程师 2011 主要针对数控铣加工，目前提供三种铣刀：球刀（$r=R$）、端刀（$r=0$）和 R 刀（$r<R$），其中 R 为刀具的半径、r 为刀角半径。刀具参数中还有刀杆长度 L 和刀刃长度 l，如图 4-3 所示。

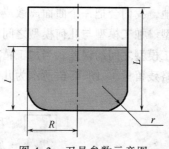

图 4-3 刀具参数示意图

在三轴加工中，端刀和球刀的加工效果有明显区别，当曲面形状复杂有起伏时，建议使用球刀，适当调整加工参数可以达到好的加工效果。在两轴加工中，为提高效率建议使用端刀，因为相同的参数，球刀会留下较大的残留高度。选择刀刃长度和刀杆长度时请考虑机床的情况及零件的尺寸是否会干涉。

对于刀具，还应区分刀尖和刀心，两者均是刀具的对称轴上的点，其间差一个刀角半径，如图 4-4 所示。

7. 刀具轨迹和刀位点

刀具轨迹是系统按给定工艺要求生成的对给定加工图形进行切削时刀具行进的路线，如图 4-5 所示。系统以图形方式显示。刀具轨迹由一系列有序的刀位点和连接这些刀位点的直线（直线插补）或圆弧（圆弧插补）组成。

系统的刀具轨迹是按刀尖位置来计算和显示的。

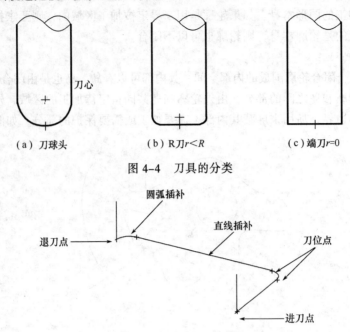

图 4-4　刀具的分类

图 4-5　刀具轨迹和刀位点

8. 模型

一般地，模型指系统存在的所有曲面和实体的总和（包括隐藏的曲面或实体）。

几何精度在造型时，模型的曲面是光滑连续（法矢连续）的，例如球面是一个理想的光滑连续的面。这样的理想的模型，我们称为几何模型。但在加工时，是不可能完成这样一个理想的几何模型。所以，一般地，我们会把一个曲面离散成一系列的三角片。由这一系列三角片所构成的模型称为加工模型。加工模型与几何模型之间的误差称为几何精度。加工精度是按轨迹加工出来的零件与加工模型之间的误差，当加工精度趋近于 0 时，轨迹对应的加工件的形状就是加工模型了（忽略残留量）。图 4-6 所示为几何精度与几何模型、加工模型之间的关系。

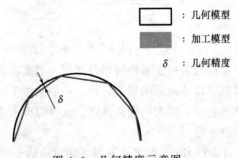

图 4-6　几何精度示意图

注意：

①由于系统中所有曲面及实体（隐藏或显示）的总和为模型，所以用户在增、删面时，一定要小心，因为删除曲面或增加实体元素都意味着对模型的修改，这样的话，已生成的轨迹可能会不再适用于新的模型了，严重的话会发生"过切"现象。

②强烈建议用户使用加工模块过程中不要增、删曲面，如果一定要这样做的话，请重置（重新）计算所有的轨迹。如果仅用于 CAXA 制造工程师 2011 中的"增删曲面"功能可以另当别论。

③模型精度越高，加工模型中的三角片越多，模型表面近似度越好。

二、加工功能通用参数设置简介

（一）毛坯

"定义毛坯–世界坐标系"的对话框如图 4-7 所示。

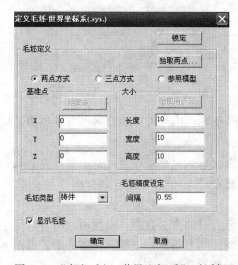

图 4-7 "定义毛坯–世界坐标系"对话框

各参数含义如下：

（1）"锁定"按钮：使用户不能设定毛坯的基准点、大小、毛坯类型等。这是为了防止设定好的毛坯数据不小心被改变。

（2）"毛坯定义"选项组：系统提供了三种毛坯定义的方式。

"两点方式"单选按钮：通过拾取毛坯的两个角点（与顺序、位置无关）来定义毛坯。

"三点方式"单选按钮：通过拾取基准点，拾取定义毛坯大小的两个角点（与顺序、位置无关）。

"参照模型"单选按钮：系统自动计算模型的包围盒，以此作为毛坯。

（3）"基准点"选项组：毛坯在世界坐标系（.sys）中的左下角点。

（4）"大小"选项组："长度"、"宽度"、"高度"是毛坯在 X 轴方向、Y 轴方向、Z 轴方向尺寸。

（5）"毛坯类型"下拉列表框：系统提供铸件、精铸件、锻件、精锻件、棒料、冷作件、冲压件、标准件、外购件、外协件、其他等毛坯的类型，主要是写工艺清单时需要。

（6）"毛坯精度设定"选项组：设定毛坯的网格间距，主要是仿真时需要。

（7）"显示毛坯"复选框：设定是否在工作区中显示毛坯。

（二）起始点

起始点是定义全局加工起始位置的。图 4-8 所示为"全局轨迹起始点"对话框。

"起始点"对话框中各参数含义如下：

全局操作提示：提示起始点所在的加工坐标系。

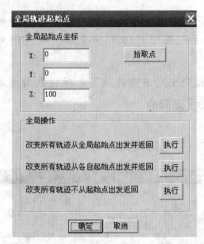

图 4-8 "全局轨迹起始点"对话框

"*X:*"、"*Y:*"、"*Z:*"文本框:用户可以通过输入或者单击"拾取点"按钮来设定刀具起始点。

注意:计算轨迹时,系统默认以全局刀具起始点作为刀具起始点,计算完毕后,用户可以对该轨迹的刀具起始点进行修改,"拾取点"按钮此时不可用。

(三)刀具库

刀具库是指定义、确定刀具的有关数据,以便用户从刀具库中调用信息和对刀具库进行维护。用户双击加工轨迹树的"刀具库"图标调用该命令,如图 4-9 所示。

刀具库有两种类型:系统刀库和机床刀库。

系统刀库是与机床无关的刀具库。可以把所有要用到的刀具的参数都建立在系统刀库,然后利用这些刀具对各种机床进行编程。

机床刀库是与不同机床控制系统相关联的刀具库。系统中每一种机床都有自己的刀具库(用户新增加的机床类型也有自己的刀具库)。也可以针对每一种机床建立该机床自己的刀具库。这样,当改变机床时,相应的刀具库也会自动切换到与该机床对应的刀具库。这种刀具库可以用来同时对多个加工中心编程。

图 4-10 所示的"刀具库管理"对话框中各参数含义如下:

(1)"当前刀具库"下拉列表框:设定当前使用的机床的刀具库。

图 4-9 刀具库显示

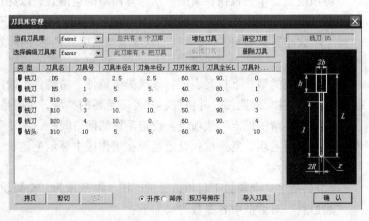

图 4-10 "刀具库管理"对话框

（2）"选择编辑刀具库"下拉列表框：选择某机床的刀具库，然后可以对其进行增加刀具、清空刀库等操作。

（3）"增加刀具"按钮：增加新的刀具到编辑刀具库。

（4）"清空刀库"按钮：删除编辑刀具库中的所有刀具。

（5）"编辑刀具"按钮：对编辑刀具库中选中的刀具参数进行修改。

（6）"删除刀具"按钮：删除编辑刀具库中选中的刀具。

（7）刀具列表：显示编辑刀具库中的所有刀具及其相关的主要参数。

（8）一般操作按钮：对编辑刀具库中的所有刀具进行拷贝、剪切、粘贴等操作。

（9）"刀具示意"选项组：显示选中的刀具。

（四）刀具参数

在每一个加工功能中参数表中，都有刀具参数设置，如图 4-11 所示。

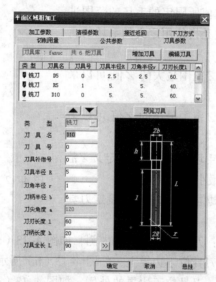

图 4-11 "平面区域粗加工"对话框—"刀具参数"选项卡

各参数含义如下：

刀具库中能存放用户定义的不同的刀具，包括钻头、铣刀（球刀、牛鼻刀、端刀）等，使用中用户可以很方便地从刀具库中取出需要的刀具。

"增加刀具"按钮：用户可以向刀具库中增加新定义的刀具。

"编辑刀具"按钮：选中某把刀具后，用户可以对这把刀具的参数进行编辑。

刀具参数列表框中显示刀具的主要参数的值。

"类型"下拉列表框：选择铣刀或钻头。

"刀具名"文本框：刀具的名称。

"刀具号"文本框：刀具在加工中心里的位置编号，便于加工过程中换刀。

"刀具补偿号"文本框：刀具半径补偿值对应的编号。

"刀具半径 R"文本框：刀刃部分最大截面圆的半径大小。

"刀角半径 r"文本框：刀刃部分球形轮廓区域半径的大小，只对铣刀有效。

"刀柄半径 b"文本框：刀柄部分截面圆半径的大小。

"刀尖角度 α"文本框：只对钻头有效，钻尖的圆锥角。

"刀刃长度l"文本框：刀刃部分的长度。

"刀柄长度h"文本框：刀柄部分的长度。

"刀具全长L"文本框：刀杆与刀柄长度的总和。

由于刀具编辑不能取消，所以在做删除刀具、删除刀库等操作时一定要特别注意。

（五）加工边界

在每一个加工功能的参数表中，都有加工边界设置。图 4-12 所示为"区域式粗加工"对话框的"加工边界"选项卡。

各参数含义如下：

（1）"Z设定"选项组：设定毛坯的有效的Z范围。

"使用有效的Z范围"复选框：选中该复选框是指使用指定的最大、最小Z值所限定的毛坯的范围进行计算，取消选中该复选框是指使用定义的毛坯的高度范围进行计算。

"最大"文本框：指定Z范围最大的Z值,可以采用输入数值和拾取点两种方式。

"最小"文本框：指定Z范围最小的Z值,可以采用输入数值和拾取点两种方式。

"参照毛坯"按钮：通过毛坯的高度范围来定义Z范围最大的Z值和指定Z范围最小的Z值。

（2）"相对于边界的刀具位置"选项组：设定刀具相对于边界的位置。

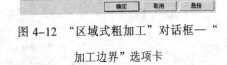

图 4-12 "区域式粗加工"对话框—"加工边界"选项卡

"边界内侧"单选按钮：刀具位于边界的内侧，如图 4-13（a）所示。

"边界上"单选按钮：刀具位于边界上，如图 4-13（b）所示。

"边界外侧"单选按钮：刀具位于边界的外侧，如图 4-13（c）所示。

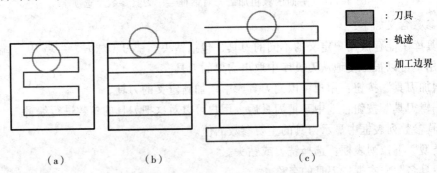

（a）　　　　　　（b）　　　　　　（c）

▨ ：刀具

▤ ：轨迹

▬ ：加工边界

图 4-13　相对于边界的刀具位置示意图

（六）切削用量

切削用量用于设定轨迹各位置的相关进给速度及主轴转速，如图 4-14 所示。

"切削用量"选项卡中各参数含义如下：

"主轴转速"文本框：设定主轴转速的大小，单位为 r/min。

"慢速下刀速度（F0）"文本框：设定慢速下刀轨迹段的进给速度的大小，单位为 mm/min。

"切入切出连接速度（F1）"文本框：设定切入轨迹段，切出轨迹段，连接轨迹段，接近轨迹段，返回轨迹段的进给速度的大小，单位为 mm/min。

"切削速度（F2）"文本框：设定切削轨迹段的进给速度的大小，单位为 mm/min。

"退刀速度（F3）"文本框：设定退刀轨迹段的进给速度的大小，单位为 mm/min。

图 4-15 所示为切削示意图。

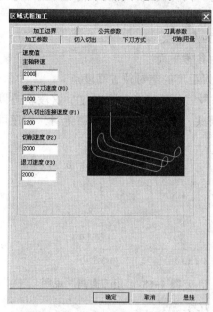

图 4-14 "切削用量"选项卡

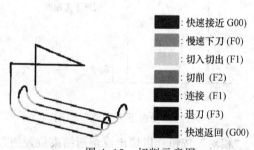

图 4-15 切削示意图

: 快速接近 G00)
: 慢速下刀 (F0)
: 切入切出 (F1)
: 切削 (F2)
: 连接 (F1)
: 退刀 (F3)
: 快速返回 (G00)

（七）下刀方式

"下刀方式"选项卡（见图 4-16）中各参数含义如下：

"安全高度"文本框：刀具快速移动而不会与毛坯或模型发生干涉的高度，有"相对"与"绝对"两种模式，单击"相对"或"绝对"按钮可以实现两者的互换。

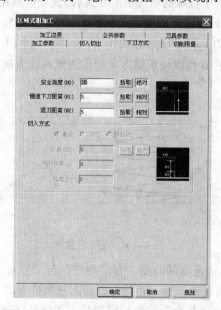

图 4-16 "下刀方式"选项卡

"相对"按钮：以切入或切出或切削开始或切削结束位置的刀位点为参考点。

"绝对"按钮：以当前加工坐标系的 XOY 平面为参考平面。

"拾取"按钮：单击后可以从工作区选择安全高度的绝对位置高度点。

"慢速下刀距离"文本框：在切入或切削开始前的一段刀位轨迹的位置长度，这段轨迹以慢速下刀速度垂直向下进给。有"相对"与"绝对"两种模式，单击"相对"或"绝对"按钮可以实现两者的互换，如图 4-17 所示。

"相对"按钮：以切入或切削开始位置的刀位点为参考点。

"绝对"按钮：以当前加工坐标系的 XOY 平面为参考平面。

"拾取"按钮：单击后可以从工作区选择慢速下刀距离的绝对位置高度点。

"退刀距离"文本框：在切出或切削结束后的一段刀位轨迹的位置长度，这段轨迹以退刀速度垂直向上进给。有"相对"与"绝对"两种模式，单击"相对"或"绝对"按钮可以实现两者的互换，如图 4-18 所示。

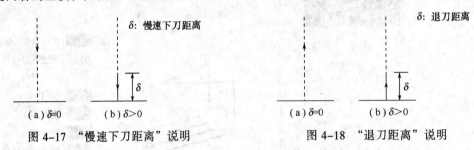

图 4-17 "慢速下刀距离"说明　　　　图 4-18 "退刀距离"说明

"相对"按钮：以切出或切削结束位置的刀位点为参考点。

"绝对"按钮：以当前加工坐标系的 XOY 平面为参考平面。

"拾取"按钮：单击后可以从工作区选择退刀距离的绝对位置高度点。

"切入方式"选项组：此处提供了三种通用的切入方式，几乎适用于所有的铣削加工方式，其中的一些切削加工策略有其特殊的切入切出方式（可在"切入切出"选项卡中设定）。在"切入切出"选项卡中设定了特殊的切入切出方式后，此处的通用的切入方式将不会起作用。

"垂直"单选按钮：刀具沿垂直方向切入，如图 4-19（a）所示。

"Z 字形"单选按钮：刀具以 Z 字形方式切入，如图 4-19（b）所示。

"倾斜线"单选按钮：刀具以与切削方向相反的倾斜线方向切入，如图 4-19（c）所示。

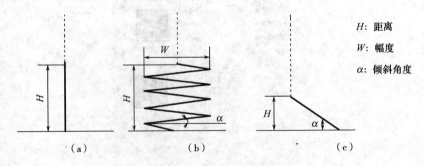

图 4-19　说明示意图

"距离"文本框：切入轨迹段的高度，有"相对"与"绝对"两种模式，单击"相对"或"绝对"按钮可以实现两者的互换，相对指以切削开始位置的刀位点为参考点，绝对指以 XOY 平面为参考平面。单击"拾取"按钮后可以从工作区选择距离的绝对位置高度点。

"幅度"文本框：Z字形切入时走刀的宽度。

"倾斜角度"文本框：Z字形或倾斜线走刀方向与XOY平面的夹角。

三、粗加工功能学习

（一）区域式粗加工

根据给定的轮廓和岛屿，生成分层的加工轨迹。

选择"加工"→"粗加工"→"区域式粗加工"命令，弹出图4-20所示的"区域式粗加工"对话框。

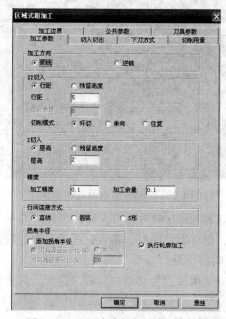

图4-20 "区域式粗加工"对话框

1. "加工参数"选项卡

每种加工方式的对话框中都有"确定"、"取消"、"悬挂"三个按钮，单击"确定"按钮确认加工参数，开始随后的交互过程；单击"取消"按钮取消当前的命令操作；单击"悬挂"按钮表示加工轨迹并不马上生成，交互结束后并不计算加工轨迹，而是在执行轨迹生成批处理命令时才开始计算，这样就可以将很多计算复杂、耗时的轨迹生成任务准备好，直到空闲的时间，比如夜晚才开始真正计算，大大提高了工作效率。

（1）"加工方向"选项组：加工方向的设定有两种选择：顺铣或逆铣。图4-21所示内容可以说明两种方向的含义。

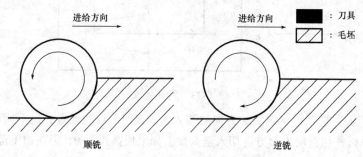

图4-21 加工方向说明

（2）"XY切入"选项组：定义在同一层（XY平面内）的加工轨迹的参数。

"环切"单选按钮：生成环切加工轨迹。

"单方向"单选按钮：只生成单方向的加工的轨迹。快速进刀后，进行一次切入方向加工。

"往复"单选按钮：即使到达加工边界也不进行快速进刀，继续往复的加工。

图 4-22 所示为三个轨迹从左到右分别是环切、单向、往复。

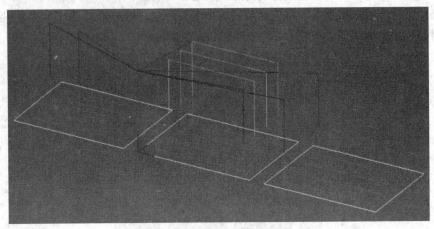

图 4-22　XY切入模式示意图

"行距"文本框：定义 XY 平面方向内的切入量，含义如图 4-23 所示。

"残留高度"单选按钮：用球刀铣削时，输入铣削通过时的残余量（残留高度）。当指定残留高度时，会提示 XY 方向的行距。

"进行角度"文本框：当切削模式为"单向"和"往复"时进行设定。

输入切削轨迹的前进角度。

输入 0°，生成与 X 轴平行的轨迹。

输入 90°，生成与 Y 轴平行的轨迹。输入值范围是 0°～360°，其进给方向如图 4-24 所示。

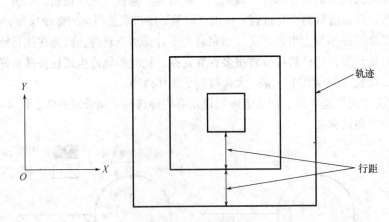

图 4-23　行距定义

（3）"Z切入"选项组：定义 Z 方向的切入量。Z 切入量的设定有以下两种选择：

"层高"单选按钮：输入 Z 方向切入量高度。如果层高设为 0，则在加工范围内 Z 值最小位置生成一层加工轨迹。

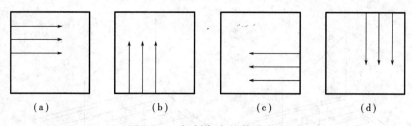

图 4-24 切削角度的前进方向

"残留高度"单选按钮：用球刀铣削时，输入要求加工结果的残余量（残留高度）。在指定残留高度时，XY方向的行距将动态显示。残留高度的含义如图 4-25 所示。

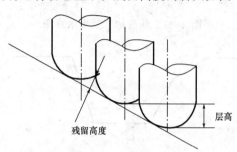

图 4-25 残留高度定义示意图

（4）"拐角半径"选项组：定义是否在拐角处自动增加圆角。

"添加拐角半径"复选框：设定在拐角处增加圆角。这样在高速切削时减速转向，防止拐角处的过切，效果如图 4-26 所示。

"刀具直径比"复选框：指定圆角的圆弧半径相对于刀具直径的比率（%）。例如，刀具直径比为 20%，刀具直径为 20，则圆角半径为 4。

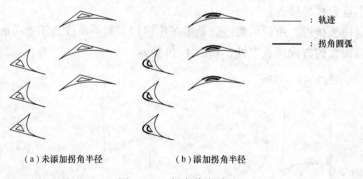

图 4-26 拐角半径定义

"半径"复选框：指定圆角的最大半径。

（5）"轮廓加工"选项组：定义轨迹生成后是否进行轮廓加工。

"执行轮廓加工"复选框：轨迹生成后，进行轮廓加工，效果如图 4-27 所示。

（6）"精度"选项组：设定加工精度和加工余量。

"加工精度"文本框：设定轨迹生成时的加工精度，是用直线段来近似表示圆弧或样条曲线时要达到的精度。

"加工余量"文本框：输入相对加工区域的残余量。也可以输入负值。加工余量的含义如图 4-28 所示。

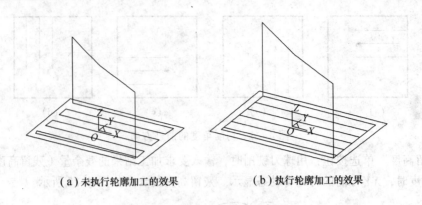

（a）未执行轮廓加工的效果   （b）执行轮廓加工的效果

图 4-27   轮廓加工效果示意图

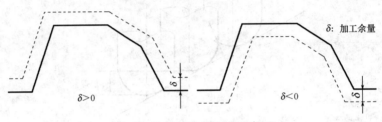

图 4-28   加工余量定义示意图

2. "切入切出"选项卡

（1）方式：接近方式有以下两种情况：

XY 向：Z 方向垂直切入。

螺旋：在 Z 方向以螺旋状切入。

① XY 向：接近方式为 XY 向时各参数含义如下：

不设定：不设定水平接近。

圆弧：设定圆弧接近。所谓圆弧接近是指在轮廓加工和等高线加工等功能中，从形状的相切方向开始以圆弧的方式接近工件，如图 4-29 所示。

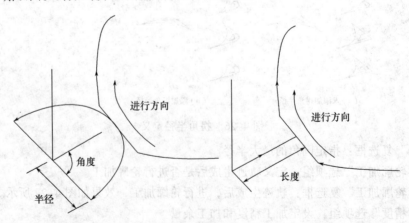

图 4-29   圆弧接近示意图

直线：水平接近设定为直线。

半径：输入接近圆弧半径。输入 0 时，不添加圆弧。输入负值时，以刀具直径的倍数作为圆弧接近。

角度：输入接近圆弧的角度。输入 0 时，不添加圆弧。

长度：输入直线接近的长度。输入 0 时，不附加直线。

② 螺旋：接近方式为螺旋时，各参数含义如下：

半径：输入螺旋的半径。

螺距：用于螺旋一段时的切削量输入。

第一层螺旋进刀高度：用于第一段领域加工时螺旋切入的开始高度的输入。

第二层以后螺旋进刀高度：输入第二层以后领域的螺旋接近切入深度。切入深度由下一加工层开始的相对高度设定，需要输入大于路径切削深度的值。

图 4-30 所示为螺旋接近。

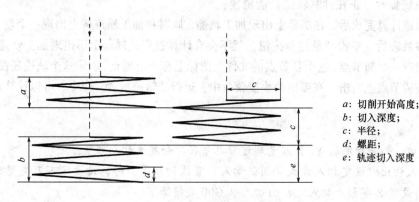

a：切削开始高度；
b：切入深度；
c：半径；
d：螺距；
e：轨迹切入深度

图 4-30 螺旋接近示意图

注意：螺旋接近不检查对模型的干涉，请输入不发生干涉的螺旋半径。

（2）接近点和返回点。

接近方式为 XY 向时设定。选择是否设定接近点和返回点。

设定接近点：设定下刀时接近点的 XY 坐标。拾取为直接从屏幕上拾取，如图 4-31 所示。

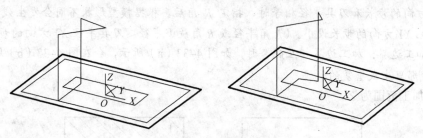

图 4-31 设定接近点

根据模型或者加工条件，从接近点开始移动或者移动到返回点的部分可能与领域发生干涉的情况。避免的方法有变更接近位置点或者返回位置点。

设定返回点：设定退刀时返回点的 XY 坐标。拾取为直线从屏幕上拾取，如图 4-32 所示。

具体操作步骤如下：

（1）填写参数表。填写完成后按"确定"或"悬挂"按钮。

（2）系统提示"拾取轮廓"。根据提示可以拾取多个封闭轮廓。右击结束拾取轮廓。也可以不拾取轮廓直接右击，这是系统把毛坯最大外轮廓作为缺省轮廓。

（3）系统提示"拾取岛屿"。根据提示可以拾取多个封闭岛屿。右击结束拾取。也可以不拾取岛屿，直接右击结束。

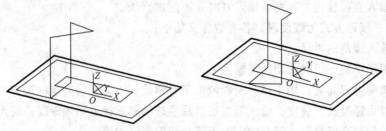

图 4-32　设定返回点

（4）系统提示"正在计算轨迹，请稍候"。

（5）轨迹计算完成后，在屏幕上出现加工轨迹，同时在加工轨迹树上出现一个新节点。如果填写完参数表后，单击"悬挂"按钮，就不会有计算过程，屏幕上不出现加工轨迹，仅在轨迹树上出现一个新节点，这个新节点的文件夹图标上有一个黑点，表示这个轨迹还没有计算。在这个轨迹树节点上右击，在弹出的快捷菜单中，运行"轨迹重置"命令，可以计算这个加工轨迹。

注意：

① 环切：如果指定的 XY 切入量超过刀具半径，会发生切削残余。

② 切入切出：设定切入方式（圆弧切入，直线切入等）时，请设定下刀类型为直接。例如，同时设定 Z 字形和切入时，向切入以 G00 直接降下。

③ 下刀方式：指定切入方式为 Z 字形或倾斜线时，系统会设定切入方式的距离模式为相对。不能设为绝对方式。

④ 拐角半径：根据模型和加工条件不同，会发生切削残余。

刀具直径比设定为缺省的 20% 以下或 XY 方向的步长设定为刀具半径的 80% 以下后，会做成稳定的轨迹。

XY 方向的步长和刀具半径相等时，指定 R 角后，根据模型形状不同会发生残留量。此时，请把 XY 方向的步长设小。（R 角半径或 R 角最小半径≤刀具半径 XY 方向的步长）

⑤ 加工边界：加工边界相互嵌套时，如图 4-33（a）所示，会在图 4-33（b）所示的 1，2，3 领域那里生成重复的轨迹。

Z 的加工范围为 $Z_{max} \sim Z_{min}$。

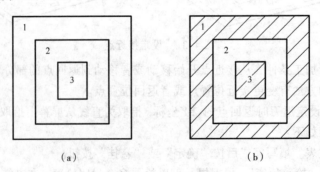

（a）　　　　　　　　　　　　　（b）

图 4-33　加工边界

（二）等高线粗加工

等高线粗加工是指生成分层等高式粗加工轨迹。

选择"加工"→"粗加工"→"等高线粗加工"命令,弹出图4-34所示对话框。

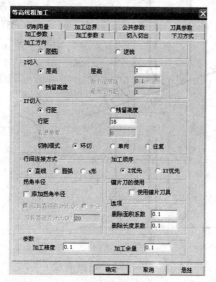

图4-34 "等高线粗加工"对话框

1. "加工参数1"选项卡

(1)"Z切入"选项组。

"层高"单选按钮:Z向每加工层的切削深度。

"残留高度"单选按钮:系统会根据残留高度的大小计算Z向层高,在对话框中提示。

"最大层间距"文本框:输入最大Z向切削深度。

根据残留高度值在求得Z向的层高时,为防止在加工较陡斜面时可能层高过大,限制层高在最大层间距的设定值之下。

"最小层间距"文本框:输入最小Z向切削深度。

根据残留高度值在求得Z向的层高时,为防止在加工较平坦面时可能层高过小,限制层高在最小层间距的设定值之上。

最大层间距和最小层间距如图4-35所示。

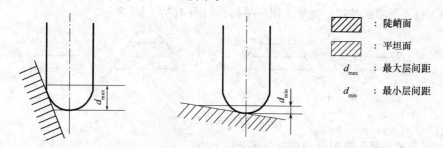

图4-35 最小层间距和最大层间距

(2)"XY切入"选项组。

"行距"单选按钮:输入XY方向的切入量。

"残留高度"单选按钮:用球刀铣削时,输入铣削的残余量(尖端高度)。指定残留高度时,XY切削行距可以自动显示。

XY切入的说明如图4-36所示。

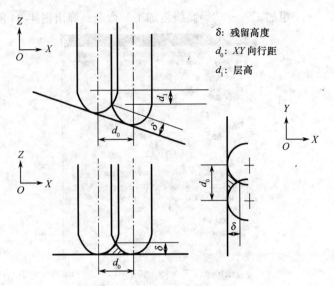

图 4-36 残留高度

"前进角度"文本框：当切削模式为"单向"和"往复"时进行设定。

输入切削轨迹的前进角度。

输入 0°，生成与 X 轴平行的轨迹。

输入 90°，生成与 Y 轴平行的轨迹。

输入值范围是 0°～360°。

"切削模式"选项组：XY 切入模式设定有以下三种选择：

"环切"单选按钮：生成环切加工轨迹。

"单向"单选按钮：只生成单方向的加工的轨迹。快速进刀后，进行一次切入方向加工。

"往复"单选按钮：即使到达加工边界也不进行快速进刀，继续往复的加工。

上述参数具体含义可参考"区域式粗加工"对话框。

（3）"加工顺序"选项组。

"Z 优先"单选按钮：先由高到低进行加工，如图 4-37（a）所示。

"XY 优先"单选按钮：先加工同一平面，如图 4-37（b）所示。

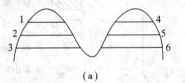
（a）

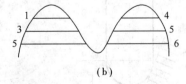
（b）

图 4-37 选择加工顺序

（4）"拐角半径"选项组：在拐角部分加上圆弧。

（5）"选项"选项组：

"删除面积系数"文本框：基于输入的删除面积值，设定是否生成微小轨迹。刀具截面积和等高线截面面积若满足下面的条件时，删除该等高线截面的轨迹：

$$等高线截面面积 < 刀具截面积 × 删除面积系数（刀具截面积系数）$$

要删除微小轨迹时，该值比较大；相反，要生成微小轨迹时，请设定小一点的值。通常请使用初始值。

"删除长度系数"文本框：基于输入的删除长度值，设定是否做成微小轨迹。刀具截面积和等高截面线长度若满足下面的条件时，删除该等高线截面的轨迹：

等高截面线长度 < 刀具直径 × 删除长度系数（刀具直径系数）

要删除微小轨迹时，该值比较大。相反，要生成微小轨迹时，请设定小一点的值。通常请使用初始值。

图 4-38 所示为"选项"选项组的设置说明。

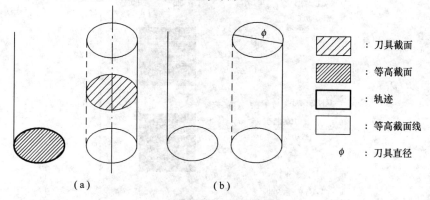

（a）　　　　　　（b）

图 4-38　选项的设置说明

（6）参数。

加工精度：输入模型的加工精度。计算模型的加工轨迹的误差小于此值。加工精度越大，模型形状的误差也增大，模型表面越粗糙。加工精度越小，模型形状的误差也减小，模型表面越光滑，但是，轨迹段的数目增多，轨迹数据量变大，如图 4-39 所示。

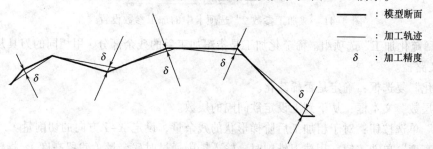

图 4-39　加工精度定义

（7）行间连接方式。行间连接方式有以下三种类型：

直线：行间连接的路径为直线形状，如图 4-40（a）所示。

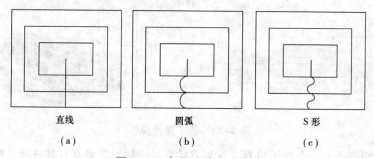

直线　　　　　圆弧　　　　　S形

（a）　　　　　（b）　　　　　（c）

图 4-40　行间连接方式类型

圆弧：行间连接的路径为半圆形状。

S 形：行间连接的路径为 S 字形状。

2. "加工参数 2" 选项卡

图 4-41 所示为"加工参数 2"选项卡。

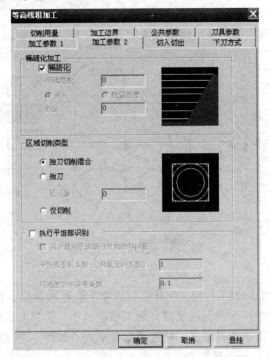

图 4-41　"加工参数 2"选项卡中的加工参数设置

（1）"稀疏化加工"选项组。稀疏化加工是指粗加工后的残余部分，用相同的刀具从下往上生成加工路径。

"稀疏化"复选框：确定是否稀疏化。

"间隔层数"文本框：从下到上设定欲间隔的层数。

"步长"单选按钮：对于粗加工后阶梯形状的残余量，设定 X-Y 方向的切削量。

"残留高度"单选按钮：用球刀铣削时，输入铣削通过时残余量（残留高度）。指定残留高度时，XY 切入量自动显示。

图 4-42 所示为"稀疏化加工"的路径说明。

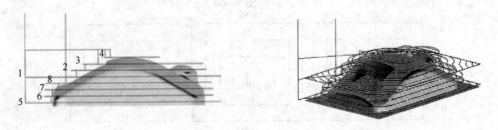

图 4-42　加工路径说明

（2）区域切削类型。在加工边界上重复刀具路径的切削类型有三种选择，即抬刀切削混合、抬刀和仅切削。

“抬刀切削混合”单选按钮：在加工对象范围中没有开放形状时，在加工边界上以切削移动进行加工。有开放形状时，回避全部的段，如图4-43（a）所示。

切入量 < 刀具半径/2时，延长量=刀具半径+行距。

切入量 > 刀具半径/2时，延长量=刀具半径+刀具半径/2。

“抬刀”单选按钮：刀具移动到加工边界上时，快速往上移动到安全高度，再快速移动到下一个未切削的部分（刀具往下移动位置为“延长量”远离的位置），如图4-43（b）所示。

“仅切削”单选按钮：在加工边界上用切削速度进行加工，如图4-43（c）所示。

注意：加工边界（没有时为工件形状）和凸模形状的距离在刀具半径之内时，会产生残余量。对此，加工边界和凸模形状的距离要设定比刀具半径大一点，这样可以设定“区域切削类型”为“抬刀切削混合”以外的设定。

“延长量”文本框：输入延长量。

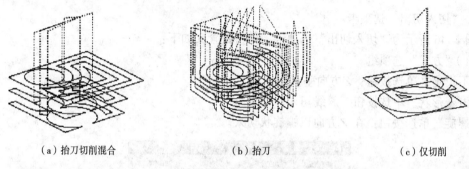

（a）抬刀切削混合　　　　　　（b）抬刀　　　　　　（c）仅切削

图4-43　选择切削类型

（3）“执行平坦部识别”选项组。平坦部识别可以自动识别模型的平坦区域，选择是否根据该区域所在高度生成轨迹，如图4-44所示。

“再计算从平坦部分开始的等间距”复选框：设定是否根据平坦部区域所在高度重新度量 Z 向层高，生成轨迹。

不选择再计算时，在 Z 向层高的路径间，插入平坦部分的轨迹。

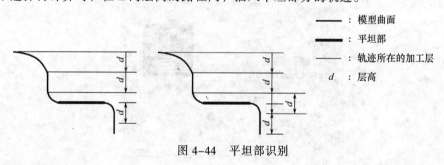

————：模型曲面
━━━━：平坦部
————：轨迹所在的加工层
d：层高

图4-44　平坦部识别

“平坦部面积系数”文本框：根据输入的平坦部面积系数（刀具截面积系数）设定是否在平坦部生成轨迹。比较刀具的截面积和平坦部分的面积，满足下列条件时，生成平坦部轨迹：

平坦部分面积 > 刀具截面积 × 平坦部面积系数（刀具截面积系数）

图4-45所示为平坦部轨迹示意图。

“同高度容许误差系数”文本框：（Z 向层高系数）同一高度的容许误差量（高度量）=Z 向层高 × 同高度容许误差系数（Z 向层高系数）

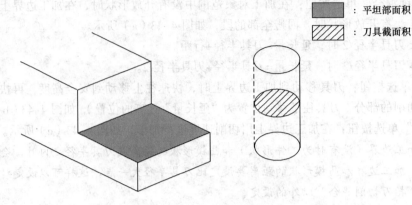

：平坦部面积

：刀具截面积

图 4-45　平坦部轨迹示意图

3. "切入切出"选项卡

图 4-46 所示为"切入切出"选项卡。各参数含义如下：

（1）"方式"选项组。

"不设定"单选按钮：Z 方向垂直切入。

"沿着形状"单选按钮：斜线切入。

"螺旋"单选按钮：在 Z 方向以螺旋状切入。

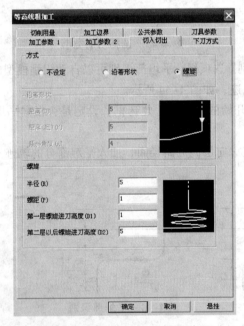

图 4-46　"切入切出"选项卡

（2）"沿着形状"选项组。

"距离"文本框：针对第一层的沿着形状的进刀开始位置，请输入从第一层开始的相对高度。

"距离（粗）"文本框：第二层以后的沿着形状接近的开始位置，输入各层的相对高度。

"斜角度"文本框：输入相对于 XY 平面切入的倾斜角度。

图 4-47 所示为沿着形状的设定示意图。

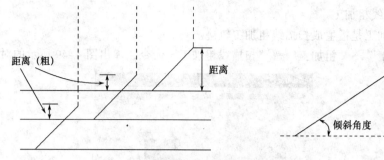

图 4-47 沿着形状的设定

（3）"螺旋"选项组。接近方式为螺旋时设定。

"半径"：输入螺旋的半径。

"螺距"：用于一层螺旋的切削量输入。

"第一层螺旋进刀高度"文本框：用于第一段领域加工时螺旋切入的开始高度的输入。

"第二层以后螺旋进刀高度"文本框：输入第二层以后领域的螺旋接近切入深度。切入深度由下一加工层开始的相对高度设定，需输入大于路径切削深度的值。

注意：螺旋接近不检查对模型的干涉，要输入不发生干涉的螺旋半径。

具体操作步骤如下：

（1）填写参数表。填写完成后单击"确定"或"悬挂"按钮。

（2）系统提示"拾取加工对象"，拾取要加工的模型。

（3）系统提示"拾取加工边界"，拾取封闭的加工边界曲线，或者直接按鼠标右键不拾取边界曲线。

（4）系统提示"正在计算轨迹，请稍候"，轨迹计算完成后，在屏幕上出现加工轨迹，同时在加工轨迹树上出现一个新节点。

注意：

① 加工参数：加工边界不能被指定的行距（残留高度指定同理）整除时，会产生切削。

② 切入切出：采用 3D 圆弧方式时，实现圆弧插补的必要条件：加工方向往复，行间连接方式投影，最大投影距离≥行距（XY 向）。

③ 下刀方式：指定切入方式为 Z 字形或倾斜线时，系统会缺省设定切入方式的距离模式为相对。已经指定 3D 圆弧切入切出方式的前提下，指定切入方式为 Z 字形或倾斜线时无效，系统会恢复切入方式为垂直。

④ 加工边界：加工边界在 XY 向为嵌套时，刀具相对于边界的位置模式如图 4-48 所示。

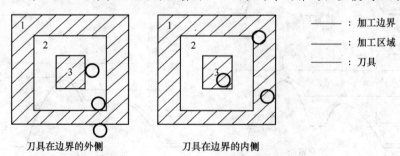

图 4-48 刀具对于边界的位置模式

（三）扫描线粗加工

扫描线粗加工是指生成扫描线粗加工轨迹。

选择"加工"→"粗加工"→"扫描线粗加工"命令，弹出图4-49所示的对话框。

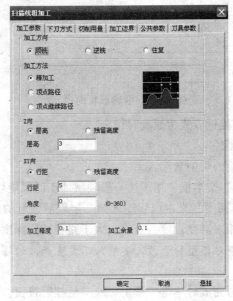

图4-49 "扫描线粗加工"对话框

"加工参数"选项卡中各参数含义如下：

（1）"加工方法"选项组。

"精加工"单选按钮：生成沿着模型表面进给的精加工轨迹。

"顶点路径"单选按钮：生成遇到第一个顶点则快速抬刀至安全高度的加工轨迹。

"顶点继续路径"单选按钮：在已完成的加工轨迹中，生成含有最高顶点的加工轨迹，即达到顶点后继续走刀，直到上一加工层路径位置后快速抬刀至回避高度的加工轨迹。

图4-50所示为三种加工方式的走刀路线。

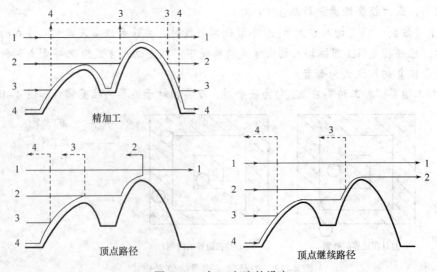

图4-50 加工方法的设定

（2）"Z向"选项组。

"层高"单选按钮：Z向每加工层的切削深度。

"残留高度"单选按钮：系统会根据残留高度的大小计算Z向层高，在对话框中提示。

（3）"XY向"选项组。

"行距"单选按钮：XY向相邻切削行间的切削间隔。

"残留高度"单选按钮：系统会根据残留高度的大小计算XY向行距，在对话框中提示。

"角度"文本框：输入扫描线的切削轨迹的进给角度。当输入0则沿着X轴平行方向生成扫描线轨迹。输入90°则沿着Y轴平行方向生成扫描线路径。角度范围为0°～360°。

（4）"参数"选项组。

"加工精度"文本框：输入加工轨迹的加工精度。和曲面的误差计算要小于此值。此值的增大加工出来的形状成多角形，和基于曲面形状的误差也增大，表面会粗糙。此值的减小和基于曲面形状的误差也减小，但是，轨迹的要素数目增多，生成的NC数据文件会变大。

"加工余量"文本框：输入相对曲面的加工余量。数值可以小于刀具圆角半径的负值。

注意：指定切入方式为Z字形或倾斜线时，系统会缺省设定切入方式的距离模式为相对。

（四）摆线式粗加工

摆线式粗加工是指生成摆线式粗加工的加工轨迹。

选择"加工"→"粗加工"→"摆线式粗加工"命令，弹出图4-51所示的对话框。

"加工参数"选项卡中各参数含义如下：

（1）"加工条件"选项组。

"切削圆弧半径"文本框：输入切削圆弧的半径，如图4-52所示。

"残余部的切削"复选框：到基轨迹为止，切削摆线式加工中未加工的残留部分。XY方向的切削步长为设定切削量的一半加工。

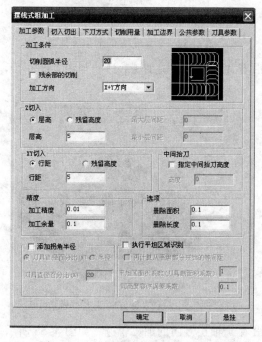

图4-51　"摆线式粗加工"对话框

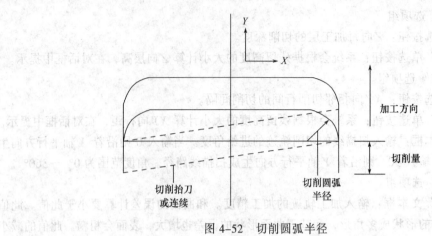

图 4-52　切削圆弧半径

"加工方向"下拉列表框：加工方式的设定有以下五种选择。

X 方向（+）：生成沿着 X 轴正方向的加工轨迹，如图 4-53 所示。

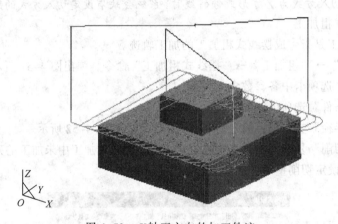

图 4-53　X 轴正方向的加工轨迹

X 方向（-）：生成沿着 X 轴负方向的加工轨迹，如图 4-54 所示。

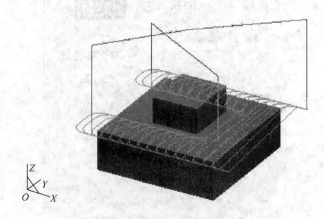

图 4-54　X 轴负方向的加工轨迹

Y 方向（+）：生成沿着 Y 轴正方向的加工轨迹，如图 4-55 所示。

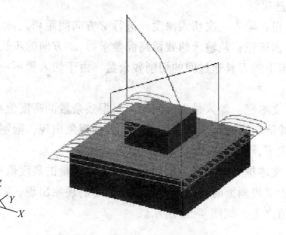

图 4-55 Y 轴正方向的加工轨迹

Y 方向（-）：生成沿着 Y 轴负方向的加工轨迹，如图 4-56 所示。

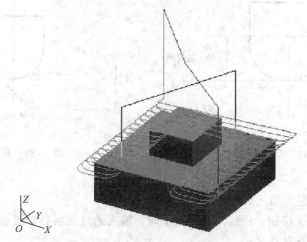

图 4-56 Y 轴负方向的加工轨迹

X+Y 方向（-）：生成从模型周围开始，各方向的加工轨迹，如图 4-57 所示。

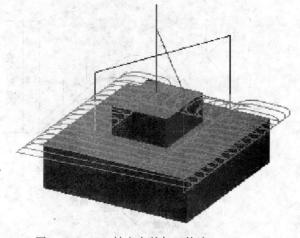

图 4-57 X+Y 轴方向的加工轨迹

（2）"Z切入"选项组。

"层高"单选按钮：输入一次切入深度，进行 Z 方向间距切入。

"残留高度"单击按钮：从输入的残留高度量求得 Z 方向的步长。所谓残留高度，就是加工后某些步长设定下的刀具通过间的切削残余量。由于切入量不一定，所以步长不能自动显示。

"最大层间距"文本框：输入最大层间距。根据残余量的高度值在求得 Z 方向的切削量时，为防止在加工较陡斜面时可能产生切削量过大的现象出现，限制产生的切削量在"最大层间距"的设定值之下，如图 4-58 所示。

"最小层间距"文本框：输入最小层间距。根据残余量的高度值在求得 Z 方向的切削量时，为防止在加工较平坦斜面时可能产生切削量过小的现象出现，限制产生的切削量在"最小层间距"的设定值之上，如图 4-59 所示。

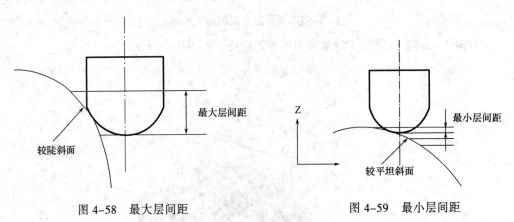

图 4-58　最大层间距　　　　　　　　　　图 4-59　最小层间距

（3）"XY切入"选项组。

"行距"单选按钮：输入 XY 方向的切入量。

"残留高度"单选按钮：用球刀进行加工时，输入通过铣削后的残余量高度值。残留高度指定时，XY切入量自动显示。

图 4-60 所示为 XY 方向切入量。

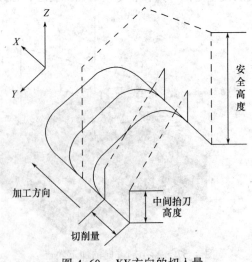

图 4-60　XY 方向的切入量

（4）"中间抬刀"选项组：指定在摆线加工时的中间抬刀高度。

"指定中间抬刀高度"复选框：输入中间抬刀高度。没有设定时，以安全高度与下一切削相连。高度通常为相对值。

具体操作步骤如下：

（1）填写参数表。填写完成后单击"确定"或"悬挂"按钮。

（2）系统提示"拾取加工对象"，拾取要加工的模型。

（3）系统提示"拾取加工边界"，拾取封闭的加工边界曲线，或者右击不拾取边界曲线。

（4）系统提示"正在计算轨迹，请稍候"，轨迹计算完成后，在屏幕上出现加工轨迹，同时在加工轨迹树上出现一个新节点。

注意：

①加工参数：模型的顶上为平坦时，即使指定平坦部认识，也不能生成加工该处的轨迹。根据模型和加工条件的不同，会发生下面情况：有时会没有处理残留领域。处理残留部分时，会发生全面切削断面的情况。

②切入切出：设定接近（圆弧接近，直线接近等）时，请将下刀方式设定为直接。例如，同时设定Z字形和接近时，接近以G00直接降下。

③下刀方式：指定切入方式为Z字形或倾斜线时，系统会设定切入方式的距离模式为相对。不能设为绝对方式。

④加工边界：指定矩形以外的区域时，被作为包含该区域的矩形进行处理。设定多个区域时，包含全部的区域的矩形被作为范围。

（五）插铣式粗加工

插铣式粗加工是指生成插铣式粗加工轨迹。

选择"加工"→"粗加工"→"插铣式粗加工"命令，弹出图4-61所示的对话框。

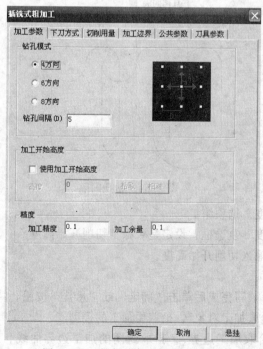

图4-61 "插铣式粗加工"对话框

"加工参数"选项卡中各参数含义如下：

（1）"钻孔模式"选项组。

"4 方向"单选按钮：插铣式粗加工的加工方向限定于 XY 的正负方向上。此形式适用于数据量少和矩形形状比较多的模型。

"6 方向"单选按钮：插铣式粗加工的加工方向限定于周围 60° 间隔。此形式适用于倾斜 60° 或 120° 的较多的模型。

"8 方向"单选按钮：插铣式粗加工的加工方向限定于 XY 的正负方向上，以及斜线上。这种加工形式是比 4 方向间隔更细小、能更自由移动的加工。

具体含义如图 4-62 所示。

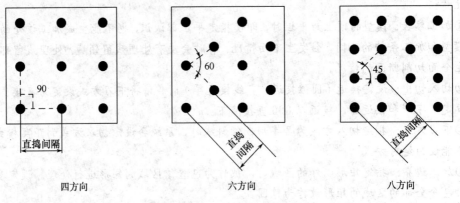

图 4-62　钻孔定义示意图

"钻孔间隔"文本框：进行插铣式粗加工时的间隔，如图 4-63 所示。

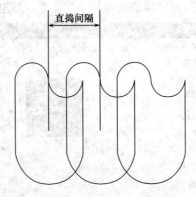

图 4-63　钻孔间隔

（2）"加工开始高度"选项组。

"使用加工开始高度"复选框：设定是否指定切削开始高度。

"高度"文本框：输入切削开始高度。

具体操作步骤如下：

（1）填写参数表。填写完成后单击"确定"或"悬挂"按钮。

（2）系统提示"拾取加工对象"，拾取要加工的模型。

（3）系统提示"拾取加工边界"，拾取封闭的加工边界曲线，或者直接右击不拾取边界曲线。

注意：当"安全高度"为相对值，加工边界的"使用有效的 Z 范围"设置为无效时，产生的切削开始高度将是一个非常大的值。

（六）导动线粗加工

导动线粗加工是指生成导动线粗加工轨迹。

选择"加工"→"粗加工"→"导动线粗加工"命令，弹出图 4-64 所示的对话框。

图 4-64 "导动线粗加工"对话框

"加工参数"选项卡中各参数含义如下：

（1）"XY切入"选项组

"行距"单选按钮：输入 XY 方向的切入量。

"残留高度"单选按钮：由球刀铣削时，输入铣削通过时的残余量（残留高度）。当指定残留时，会提示 XY 切削量。

（2）"Z 切入"选项组。

"层高"单选按钮：输入一次切入深度，Z 方向等间隔切入。

"残留高度"单选按钮：球刀加工时，输入刀具通过时的残余量（残留高度）。指定残留高度能动态显示 XY 切削量。

（3）"截面形状"选项组。

"截面形状"单选按钮：参照加工领域的截面形状所指定的形状。

"倾斜角度"单选按钮：以指定的倾斜角度，做成一定倾斜的轨迹。输入倾斜角度。输入范围为 0°～90°。

"向上方向"单选按钮：对于加工区域，指定朝上的截面形状（倾斜角度方向），生成的轨迹如图 4-65 所示。

"向下方向"单选按钮：对于加工区域，指定向下的截面形状（倾斜角度方向），生成轨迹如图 4-66 所示。

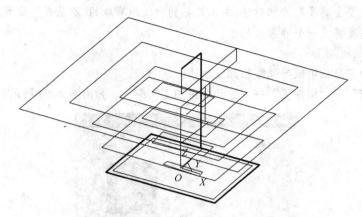

图 4-65 向上方向的加工轨迹

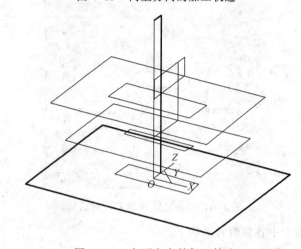

图 4-66 向下方向的加工轨迹

注意：在三维截面形状中，指定形状为凸型形状时，不能够作成轨迹。如果设定"截面形状"、"截面指定方法"、"倾斜角度"后，"截面的认识方法"（上方向，下方向）的轨迹会相同。

指定三维截面形状时，开始点（箭头）请在加工范围形状侧设定。在 XY 切入量指定超过刀具半径的值后，可能发生残留量。

（七）平面区域粗加工

平面区域粗加工是指生成具有多个岛的平面区域的刀具轨迹。适合 2/2.5 轴粗加工，该功能支持轮廓和岛屿的分别清根设置，可以单独设置各自的余量，补偿及上、下刀信息。最明显的就是该功能轨迹生成速度较快。

选择"加工"→"粗加工"→"平面区域粗加工"命令，或单击"加工工具栏"中的图标，弹出图 4-67 所示的对话框。

参数表的内容包括：平面区域加工参数、切削用量、进退刀方式、下刀方式、清根参数、铣刀参数六项。铣刀参数、机床参数、进退刀参数、下刀方式、清根参数前面已有介绍。

面轮区域加工参数包括：走刀方式、拐角过渡方式、拔模基准、加工参数、轮廓参数、岛参数、标识钻孔点等七项，每项中又有各自的参数。

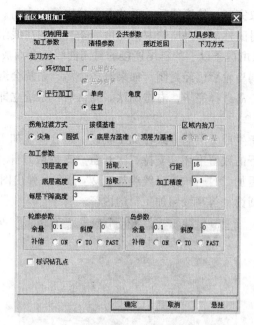

图 4-67 "平面区域粗加工"对话框

其具体含义可参看加工基本概念的解释,各种参数的含义和填写方法如下:

(1)"走刀方式"选项组。

"环切加工"单选按钮:刀具以环状走刀方式切削工件。可选择从里向外还是从外向里的方式,如图 4-68 所示。

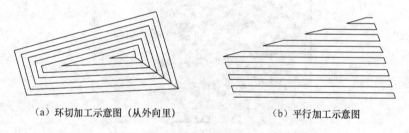

(a)环切加工示意图(从外向里)　　　　　(b)平行加工示意图

图 4-68 走刀方式

"平行加工"单选按钮:刀具以平行走刀方式切削工件,如图 4-68(b)所示。可改变生成的刀位行与 X 轴的夹角。可选择单向还是往复方式:

"单向"单选按钮:刀具以单一的顺铣或逆铣方式加工工件;"往复"单选按钮:刀具以顺逆混合方式加工工件。

(2)"标识钻孔点"复选框:选择该项自动显示出下刀打孔的点。

具体操作步骤如下:

(1)填写参数表。

(2)拾取轮廓线:填写完参数表格后,系统提示:拾取轮廓,拾取轮廓线可以利用曲线拾取工具菜单。

(3)轮廓线走向拾取:拾取第一条轮廓线后,此轮廓线变为红色的虚线。系统给出提示:选择方向。要求用户选择一个方向,此方向表示刀具的加工方向,同时也表示拾取轮廓线的方向。

（4）岛的拾取：拾取完区域轮廓线后，系统要求拾取第一个岛。在拾取岛的过程中，系统会自动判断岛自身的封闭性。如果所拾取的岛由一条封闭的曲线组成，则系统提示拾取第两个岛；如果所拾取的岛由两条以上的首尾连接的封闭曲线组合而成，当拾取到一条曲线后，系统提示继续拾取，直到岛轮廓已经封闭。如果有多个岛，系统会继续提示选择岛。

（5）生成刀具轨迹：岛选择完毕，右击确认。确认后，系统立即给出刀具轨迹

（八）等高线粗加工 2

等高线粗加工 2 是指生成分层等高式粗加工轨迹。适合高速加工，生成轨迹时可以参考上道工序生成的轨迹留下的残留毛坯，支持二次开粗。支持抬刀自动优化。

选择"加工"→"粗加工"→"等高线粗加工 2"命令，弹出图 4-69 所示的对话框。

详细的参数说明请阅读"等高线粗加工"的内容。

图 4-69 "等高线粗加工 2"对话框

四、精加工功能学习

精加工是用来为成型零件的表面加工，它使刀具沿加工表面行进；刀杆长度直径比、刀头形状等对加工质量影响很大；精加工时会产生过切现象；很多其他因素还需在选择加工方式或参数时考虑。

（一）参数线精加工

参数线精加工是指生成沿参数线加工轨迹。

选择"加工"→"精加工"→"参数线精加工"命令，弹出图 4-70 所示的对话框。

"加工参数"选项卡中各参数含义如下：

（1）"切入/切出"方式选项组。

"不设定"单选按钮：不使用切入/切出。

"直线"单选按钮：沿直线垂直切入/切出。

"长度"文本框：直线切入/切出的长度。

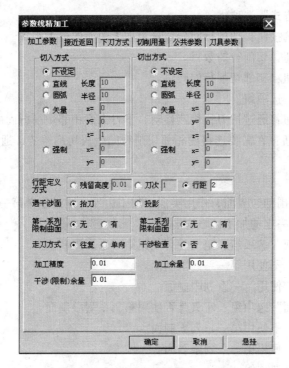

图 4-70 "参数线精加工"对话框

"圆弧"单选按钮：沿圆弧切入/切出。

"半径"文本框：圆弧切入/切出的半径。

"矢量"单选按钮：沿矢量指定的方向和长度切入/切出。"$X=$、$Y=$、$Z=$"文本框：矢量的三个分量。

"强制"单选按钮：强制从指定点直线水平切入到切削点，或强制从切削点直线水平切出到指定点。

"$X=$、$Y=$"文本框：在与切削点相同高度的指定点的水平位置分量

图 4-71 所示为切入/切出方式示意。

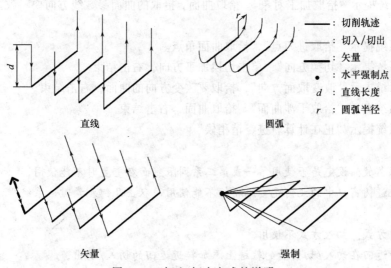

图 4-71 切入/切出方式的说明

（2）"行距定义方式"选项组。

"残留高度"单选按钮：切削行间残留量距加工曲面的最大距离。

"刀次"单选按钮：切削行的数目。

"行距"单选按钮：相邻切削行的间隔。

（3）"遇干涉面"选项组。

"抬刀"单选按钮：通过抬刀，快速移动，下刀完成相邻切削行间的连接。

"投影"单选按钮：在需要连接的相邻切削行间生成切削轨迹，通过切削移动来完成连接。

（4）限制面。

限制加工曲面范围的边界面，作用类似于加工边界，通过定义第一和第二系列限制面可以将加工轨迹限制在一定的加工区域内。

"第一系列限制面"选项组：定义是否使用第一系列限制面。

"无"单选按钮：不使用第一系列限制面。

"有"单选按钮：使用第一系列限制面。

"第二系列限制面"选项组：定义是否使用第二系列限制面。

"无"单选按钮：不使用第一系列限制面。

"有"单选按钮：使用第一系列限制面。

（5）"走刀方式"选项组。

"往复"单选按钮：生成往复的加工轨迹。

"单向"单选按钮：生成单向的加工轨迹。

（6）"干涉检查"选项组。

定义是否使用干涉检查，防止过切。

"否"单选按钮：不使用干涉检查。

"是"单选按钮：使用干涉检查。

具体操作步骤如下：

（1）填写参数表。填写完成后单击"确定"或"悬挂"按钮。

（2）系统提示"拾取加工对象"。拾取曲面，拾取的曲面参数线方向要一致。右击结束拾取。

（3）系统提示"拾取进刀点"，拾取曲面角点。

（4）系统提示"切换方向"，单击切换加工方向，右击结束。

（5）系统提示"改变取面方向"，拾取要改变方向的曲面，右击结束。

（6）系统提示"拾取干涉曲面"。拾取曲面，右击结束。

（7）系统提示"正在计算轨迹，请稍候"。

注意：

①加工参数：设定是否使用第一或第二系列限制面在重置时不能使用。

加工轨迹树窗口中的几何元素编辑框不能使用，双击几何元素时，系统提示重新拾取几何元素。

②下刀方式：切入方式不使用。

③接近返回在切入/切出后的轨迹上添加接近返回的切入/切出。

（二）等高线精加工

等高线精加工是指生成等高线加工轨迹。

选择"加工"→"精加工"→"等高线精加工"命令，弹出图 4-72 所示的对话框。

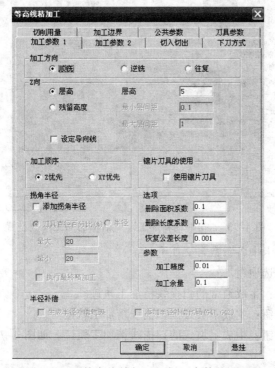

图 4-72 "等高线精加工"加工参数的设置

具体操作步骤如下：

（1）填写参数表。填写完成后单击"确定"或"悬挂"按钮。

（2）系统提示"拾取加工对象"，拾取要加工的模型。

（3）系统提示"拾取加工边界"，拾取封闭的加工边界曲线，或者右击不拾取边界曲线。

（4）系统提示"正在计算轨迹，请稍候"。

注意：

① 加工参数：加工边界不能被指定的行距（残留高度指定同理）整除时，会产生切削残余。

② 切入/切出：采用 3D 圆弧方式时，实现圆弧插补的必要条件：加工方向往复，行间连接方式投影，最大投影距离≥行距（XY 向）。

③ 下刀方式：指定切入方式为 Z 字形或倾斜线时，系统会缺省设定切入方式的距离模式为相对。

已经指定 3D 圆弧切入切出方式的前提下，指定切入方式为 Z 字形或倾斜线时无效，系统会恢复切入方式为垂直。

（三）扫描线精加工

扫描线精加工是指生成沿参数线加工轨迹。

选择"加工"→"精加工"→"扫描线精加工"命令，弹出图 4-73 所示的对话框。

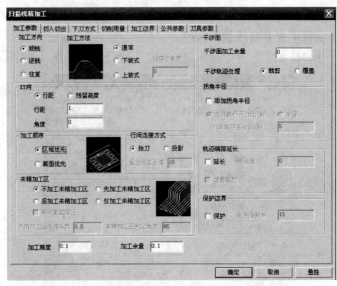

图 4-73 "扫描线精加工"对话框的加工参数设置

"加工参数"选项卡中各参数含义如下：

（1）"加工方法"选项组。

"通常"单选按钮：生成通常的扫描线精加工轨迹。

"下坡式"单选按钮：生成下坡式的扫描线精加工轨迹。

"上坡式"单选按钮：生成上坡式的扫描线精加工轨迹，如图 4-74 所示。

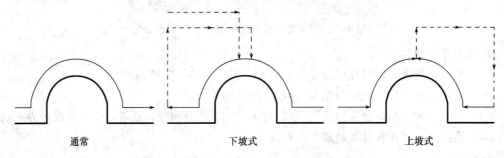

图 4-74 选择加工方法

"坡容许角度"文本框：上坡式和下坡式的容许角度。例如，在上坡时中即使一部分轨迹向下走，但小于坡容许角度，仍被视为向上，生成上坡式轨迹。在下坡时中即使一部分轨迹向上走，但小于坡容许角度，仍被视为向下，生成下坡式轨迹，如图 4-75 所示。

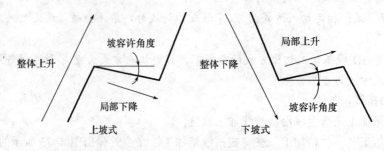

图 4-75 坡容许角度

（2）"加工顺序"选项组。

"区域优先"单选按钮：当判明加工方向截面后，生成区域优先的轨迹。

"截面优先"单选按钮：当判明加工方向截面后，抬刀后快速移动然后下刀，生成截面优先的轨迹，如图4-76所示。

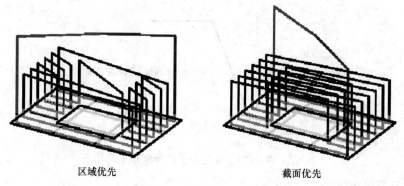

区域优先　　　　　　　　　　截面优先

图4-76　选择加工顺序

（3）"行间连接方式"选项组。

"抬刀"单选按钮：通过抬刀，快速移动，下刀完成相邻切削行间的连接。

"投影"单选按钮：在需要连接的相邻切削行间生成切削轨迹，通过切削移动来完成连接。

"最大投影距离"文本框：投影连接的最大距离，当行间连接距离（XY向）≤最大投影距离时，采用投影方连接,否则，采用抬刀方式连接。

（4）"未精加工区"选项组。未精加工区与行距及曲面的坡度有关，行距较大时，行间容易产生较大的残余量，达不到加工精度的要求，这些区域就会被视为未精加工区；坡度较大时，行间的空间距离较大，也容易产生较大的残余量,这些区域就会被视为未精加工区。所以，未精加工区是由行距及未精加工区判定角度联合决定的。未精加工区的轨迹方向与扫描线轨迹方向成90°，行距相同，如图4-77所示。

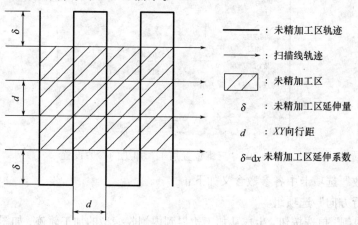

δ

d

δ

d

⸺ ：未精加工区轨迹

⟶ ：扫描线轨迹

▨ ：未精加工区

δ ：未精加工区延伸量

d ：XY向行距

$\delta=d\times$未精加工区延伸系数

图4-77　未精加工区的说明

"不加工未精加工区"单选按钮：只生成扫描线轨迹。

"先加工未精加工区"单选按钮：生成未精加工区轨迹后再生成扫描线轨迹。

"后加工未精加工区"单选按钮：生成扫描线轨迹后再生成未精加工区轨迹。

"仅加工未精加工区"单选按钮： 仅仅生成未精加工区轨迹。

"未精加工区延伸系数"文本框：设定未精加工区轨迹的延长量，即 XY 向行距的倍数。

"未精加工区判定角度"文本框：未精加工区方向轨迹的倾斜程度判定角度，将这个范围视为未精加工区生成轨迹，如图 4-78 所示。

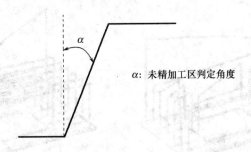

图 4-78　未精加工区判定角度

（四）三维偏置加工

三维偏置加工是指生成三维偏置加工轨迹。

选择"加工"→"精加工"→"三维偏置加工"命令，弹出图 4-79 所示的对话框。

图 4-79　"三维偏置加工"加工的参数设置

"加工参数"选项卡中各参数含义如下：

（1）"进行方向"选项组。

"边界→内侧"单选按钮：生成从加工边界到内侧收缩型的加工轨迹，如图 4-80（a）所示。

"内侧→边界"单选按钮：生成从内侧到加工边界扩展型的加工轨迹，如图 4-80（b）所示。

注意：加工范围的幅度不能用"行距"来分割时，最终加工轨迹不能生成。

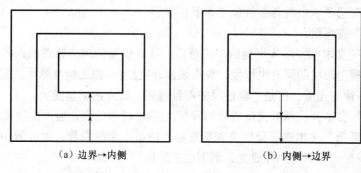

（a）边界→内侧　　　　　　　　　　　　（b）内侧→边界

图 4-80　选择进行方向

（2）"行间连接方式"选项组。

"抬刀"单选按钮：通过抬刀，快速移动，下刀完成相邻切削行间的连接。

"投影"单选按钮：在需要连接的相邻切削行间生成切削轨迹，通过切削移动来完成连接。

"最大投影距离"文本框：投影连接的最大距离，当行间连接距离（XY向）≤最大投影距离时，采用投影方连接,否则，采用抬刀方式连接。

注意：

①加工参数：下列条件下进行模型加工时，会发生轨迹计算中途退出或生成混乱的轨迹的情况。

模型全部或一部分在加工范围之外。

模型有垂直的立壁。

模型内有贯穿模型的孔（形状不限于圆形）。

模型内有与刀具直径相近宽度的沟形状。

②下刀方式：指定切入方式为 Z 字形或倾斜线时，系统会设定切入方式的距离模式为相对。不能设为绝对方式。

（五）浅平面精加工

浅平面精加工是指在平坦部生成扫描线加工轨迹。

选择"加工"→"精加工"→"浅平面精加工"命令，弹出图 4-81 所示的对话框。

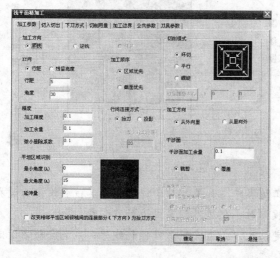

图 4-81　"浅平面精加工"对话框的加工参数设置

"加工参数"选项卡中的各参数含义如下：

（1）"精度"选项组。

"加工精度"文本框：输入模型的加工精度。计算模型的加工轨迹的误差小于此值。加工精度越大， 模型形状的误差也增大，模型表面越粗糙。 加工精度越小，模型形状的误差也减小，模型表面越光滑，但是，轨迹段的数目增多，轨迹数据量变大。

"加工余量"文本框：相对模型表面的残留高度,可以为负值，但不要超过刀角半径。

"微小删除系数"文本框：设定是否根据输入的微小删除系数，生成微小路径。比较刀具路径和路径长度，如下列条件成立，则不生成路径：

$$路径长度 < 刀具直径 \times 微小路径删除系数$$

（2）"平坦区域识别"选项组。图 4-82 所示为平坦区域"识别"示意图。

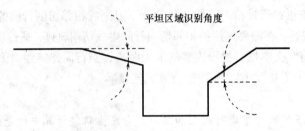

图 4-82　平坦区域识别

"最小角度"文本框：输入作为平坦部的最小角度。水平方向为 0。输入的数值范围为 0°～90°。

"最大角度"文本框：输入作为平坦部的最大角度。水平方向为 0。输入的数值范围为 0°～90°。

"偏移量"文本框：输入一圈量（延长量）。该延长量是指从以上设定的平坦的领域往外的偏移量，如图 4-83 所示。

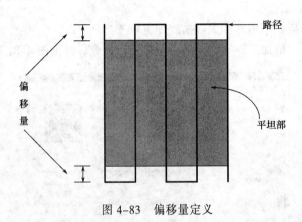

图 4-83　偏移量定义

注意：

①加工参数：加工边界中，如果相对于边界的刀具位置设定为边界外侧，且加工参数中行间连接方式设定为投影时，则边界位置成为抬刀方式。

②下刀方式：指定切入方式为 Z 字形或倾斜线时，系统会缺省设定切入方式的距离模式为相对。

（六）限制线精加工

限制线精加工是指使用限制线，在模型某一区域内生成精加工轨迹。

选择"加工"→"精加工"→"限制线精加工"命令，弹出图4-84所示的对话框。

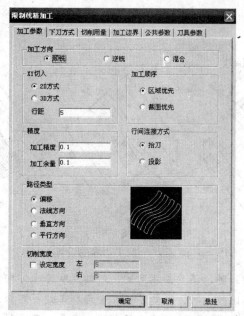

图4-84　"限制线精加工"的加工参数设置

"加工参数"选项卡中各参数含义如下：

（1）"XY切入"选项组。

"2D方式"单选按钮：XOY投影面上（二维平面上），切削量保持一定的切削。

"3D方式"单选按钮：在实体模型（三维空间）上，切削量保持一定的切削。

"行距"文本框：输入切削方向的切削量。

（2）"路径类型"选项组。

"偏移"单选按钮：使用一条限制线，生成平行于限制线的偏移加工轨迹，如图4-85（a）所示。

"法线方向"单选按钮：使用一条限制线垂直于限制线方向生成加工轨迹，如图4-85（b）所示。

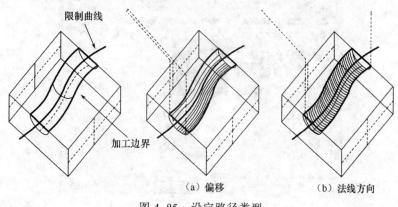

（a）偏移　　　（b）法线方向

图4-85　设定路径类型

注意：使用一条限制线时，要设定加工边界。

"垂直方向"单选按钮：使用两条限制线，垂直于限制线方向生成加工轨迹。加工区域连接两条限制线起始点与终点而成，如图 4-86（a）所示。

"平行方向"单选按钮：使用两条限制线，平行于限制线生成偏移加工轨迹，如图 4-86（b）所示。

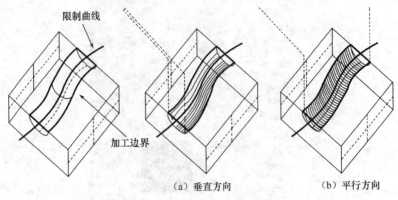

（a）垂直方向　　　　　　　　（b）平行方向

图 4-86　加工边界的设置

注意：使用两条限制线时，不要互相封闭。起始点和终点方向保持一致。限制曲线不能为封闭曲线。当加工边界比较大时，可能不能在全部加工边界内做成刀具轨迹当限制曲线曲率较大时，可能不能生成相应的刀具轨迹。限制线曲率最好不要过大

（七）导动线精加工

导动线精加工是指根据基本形状与截面形状，做成沿等高线的轨迹。

选择"加工"→"精加工"→"导动线精加工"命令，弹出图 4-87 所示的对话框。

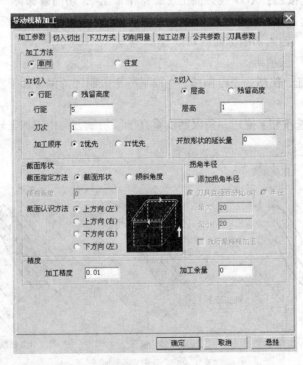

图 4-87　"导动线精加工"对话框的加工参数设置

"加工参数"选项卡中各参数含义如下：

（1）"加工方法"选项组。

"单向"单选按钮：生成单向的加工轨迹。加工方向为加工边界的箭头方向。

"往复"单选按钮：往复加工，不进行快速抬刀。

（2）"XY切入"选项组。

"行距"单选按钮：XY方向的相邻扫描行的距离。

"残留高度"单选按钮：由球刀铣削时，输入铣削通过时的残余量（残留高度）。当指定残留高度时，会提示XY切削量。

"刀次"文本框：计算XY方向1次的切入量时，输入粗加工领域范围内的加工回数。加工回数最大可以设置为1 000次。

"Z优先"单选按钮：粗加工在各切削深度中的等高线偏移形状单位中进行，如图4-88所示。

"XY优先"单选按钮：粗加工根据各切削深度进行，如图4-89所示。

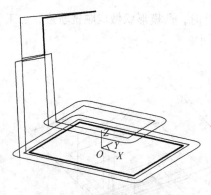

图4-88　Z优先的加工顺序

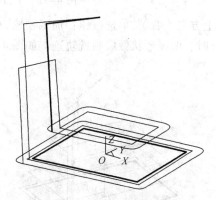

图4-89　XY优先的加工顺序

（3）"Z切入"选项组。

"层高"单选按钮：输入一次切入深度。进行Z方向间距切入。

"残留高度"单选按钮：由球刀铣削时，输入铣削通过时的残余量（残留高度）。切削量不一定时，不会动态显示步长。

"开放形状的延长量"文本框：当加工领域设定为开放形状时，在切削断面的开始和结束位置指定切线方向的接近、离开长度，做成轨迹，如图4-90所示。

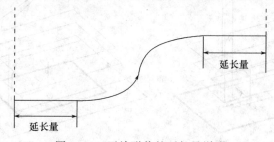

图4-90　开放形状的延长量说明

（4）"截面形状"选项组。

"截面形状"单选按钮：参照加工领域的截面形状所指定的形状。

"倾斜角度"单选按钮：以指定的倾斜角度，做成一定倾斜的轨迹。输入倾斜角度，范围为 0°～90°。

"上方向（左）"单选按钮：加工领域为顺时针时，凹模形状做成逆铣轨迹；加工领域为逆时针时，凸模形状做成逆铣轨迹，如图 4-91 所示。

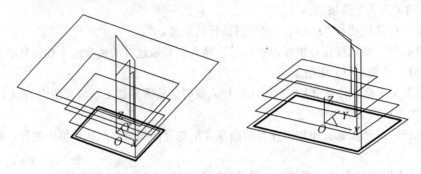

图 4-91　上方向（左）的加工领域

"上方向（右）"单选按钮：加工领域为顺时针时，凸模形状做成顺铣轨迹；加工领域为逆时针时，凹模形状做成顺铣轨迹，如图 4-92 所示。

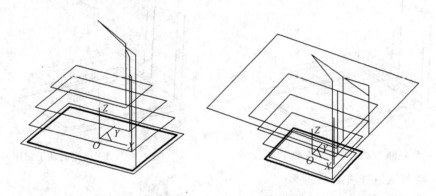

图 4-92　上方向（右）的加工领域

"下方向(右)"单选按钮：加工领域为顺时针时，凹模形状做成逆铣轨迹；加工领域为逆时针时，凸模形状做成逆铣轨迹，如图 4-93 所示。

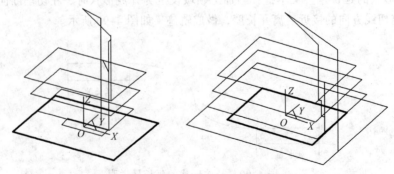

图 4-93　下方向（右）的加工领域

"下方向（左）"单选按钮：加工领域为顺时针时，凹模形状做成顺铣轨迹；加工领域为逆时针时，凸模形状做成顺铣轨迹，如图 4-94 所示。

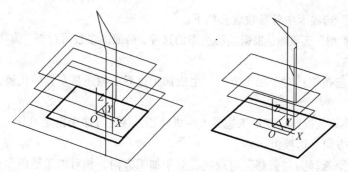

图 4-94　向下方向（左）的加工领域

注意：

①加工参数：根据条件做成模型干涉或截面拔出的轨迹。残留量不能对应负值。

如果设定截面形状截面指定方法倾斜角度后，截面的认识方法（上方向，下方向）的轨迹会相同。

指定三维截面形状时，开始点（箭头）请在加工范围形状侧设定。

②切入切出：设定切入方式（圆弧切入，直线切入等）时，请设定下刀类型为直接。例如，同时设定 Z 字形和切入时，向切入以 G00 直接降下。

③下刀方式

指定切入方式为 Z 字形或倾斜线时，系统会设定切入方式的距离模式为相对。不能设为绝对方式。

④加工边界不能使用相对于边界的刀具位置。

（八）轮廓线精加工

轮廓线精加工是指生成轮廓加工轨迹。

选择"加工"→"精加工"→"轮廓线精加工"命令，弹出图 4-95 所示的对话框。

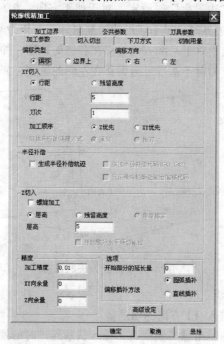

图 4-95　"轮廓线精加工"对话框的加工参数设置

"加工参数"选项卡中各参数含义如下:

(1)"偏移类型"选项组。根据偏移类型的选择,后面的参数可以在"偏移方向"或者"接近方法"间切换。

"偏移"单选按钮:对于加工方向,生成加工边界右侧还是左侧的轨迹。偏移侧由偏移方向指定。

边"界上"单选按钮:在加工边界上生成轨迹。接近方法中指定刀具接近侧。

(2)"偏移方向"选项组。

"偏移类型"选择为"偏移"时设定。对于加工方向,相对加工范围偏移在哪一侧,有两种选择。不指定加工范围时,以毛坯形状的顺时针方向作为基准。

"右"单选按钮:在右侧生成偏移轨迹,如图 4-96(a)所示。

"左"单选按钮:在左侧生成偏移轨迹,如图 4-96(b)所示。

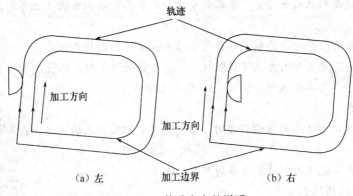

图 4-96 偏移方向的说明

(3)"接近方法"选项组。

"偏移类型"选择为"边界上"时设定。对于加工方向,相对加工范围偏移在哪一侧,有两种选择。不指定加工边界时,以毛坯形状的顺时针方向作为基准。

"右"单选按钮:生成相对于基准方向偏移在右侧的轨迹,如图 4-97(a)所示。

"左"单选按钮:生成相对于基准方向偏移在左侧的轨迹,如图 4-97(b)所示。

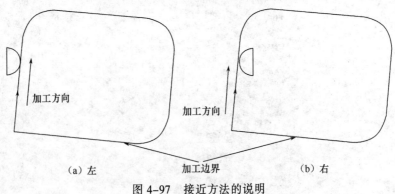

图 4-97 接近方法的说明

(4)"XY 切入"选项组。

"行距"单选按钮:输入 XY 方向的切削量

"残留高度"单选按钮:由球刀铣削时,输入铣削通过时的残余量(残留高度)。当指定残留高度时，会提示 XY 方向的切削量。

"刀次"文本框：输入加工次数。

加工顺序 Z 方向切削和 XY 方向切削都设定复数回加工时，加工的顺序有以下两种选择：

"Z 优先"单选按钮：生成 Z 方向优先加工的轨迹。

"XY 优先"单选按钮：生成 XY 方向优先加工的轨迹。

（5）"半径补偿"选项组。

"生成半径补偿轨迹"复选框：选择是否生成半径补偿轨迹。不生成半径补偿轨迹时，在偏移位置生成轨迹。生成半径补偿轨迹时，对于偏移的形状再做一次偏移。这次轨迹在加工边界位置上生成，在拐角部附加圆弧。圆弧半径为所设定刀具的半径，如图 4-98 所示。

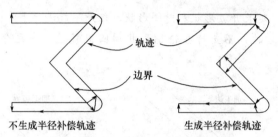

图 4-98 半径补偿的说明

"添加半径补偿代码代码（G041、G042）"复选框：选择在 NC 数据中是否输出 G41、G42 代码。该参数在"切入切出"→"XY 向"中设定为"圆弧"或者"直线"时有效。而且，必须设定刀具参数相应的补偿号。

（6）"选项"选项组。

"开始部分的延长量"文本框：在设定领域是开放形状时，在切削截面的开始和结束位置，增加相切方向的接近部轨迹和返回部轨迹。

没有考虑到对切削截面的干涉，请设定不发生干涉的值。

"圆弧插补"单选按钮：生成圆弧插补轨迹，如图 4-99（a）所示。

"直线插补"单选按钮：生成直线插补轨迹，如图 4-99（b）所示。

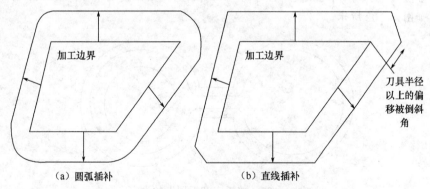

图 4-99 偏移加工边界的设定

（7）"高级设定"按钮。单击"高级设定"按钮，弹出图 4-100 所示的对话框。

在加工边界有自交的情况下，选择生成的轨迹是否考虑自交的那部分边界。

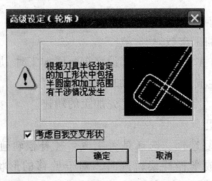

图 4-100　"高级设定（轮廓）"对话框

注意：

①加工参数：可以延长开放形状和封闭形状，但是不能进行干涉检查。

XY 切入复数指定时，不支持在轮廓形状周回偏移过程中区分复数领域的情况。如图 4-101 所示。

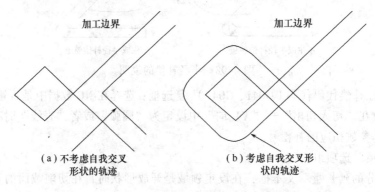

（a）不考虑自我交叉
形状的轨迹　　　　　（b）考虑自我交叉形
状的轨迹

图 4-101　加工边界上的生成轨迹的选择

在偏移类型中选择了边界上时，即使 XY 切入指定为复数个，轨迹也一定在边界上生成。

②切入/切出：设定圆弧接近，直线接近，接近点，返回点，延长量时，请设定"下刀类型"为"垂直"。例如，同时设定"Z 字形"，"斜向"，"圆弧接近"时，圆弧接近以 G00 直接降下，如图 4-102 所示。

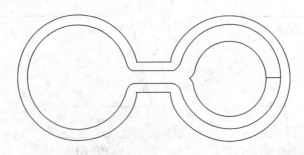

图 4-102　接近点和返回点的设定

③下刀方式：指定切入方式为 Z 字形或倾斜线时，系统会设定切入方式的距离模式为相对。不能设为绝对方式。

④加工边界：相对边界的刀具位置的设定不起作用。

（九）深腔侧壁精加工

深腔侧壁精加工是指生成深腔侧壁加工轨迹。

选择"加工"→"精加工"→"深腔侧壁精加工"命令，弹出图4-103所示的对话框。

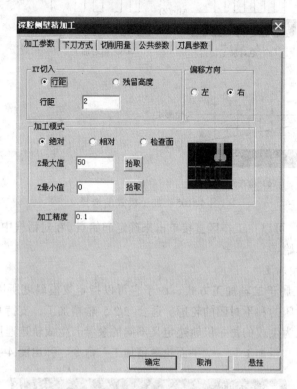

图4-103　"深腔侧壁精加工"加工参数设置

"加工参数"选项卡中含参数含义如下：

（1）"XY切入"选项组。

"行距"单选按钮：通过行距来调整刀具轨迹的密度。

"残留高度"单选按钮：通过刀具间残留高度来调整刀具轨迹的密度，其最大值不应该超过刀具的半径。

（2）"偏移方向"选项组。

"左"单选按钮：在轮廓线左面沿着加工方向进行加工，如图4-104（a）所示。

"右"选项组：在轮廓线右面沿着加工方向进行加工，如图4-104（b）所示。

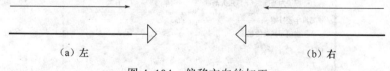

（a）左　　　　　　　　　　　　　（b）右

图4-104　偏移方向的加工

（3）"加工模式"选项组。

"绝对"单选按钮：对 Z 的最大值与最小值之间模型进行加工，如图4-105（a）所示。

"相对"单选按钮：在距离轮廓线 Z 值的位置上进行加工，如图4-105（b）所示。

"检查面"单选按钮：对轮廓线与检查曲面之间的模型进行加工，如图4-105（c）所示。

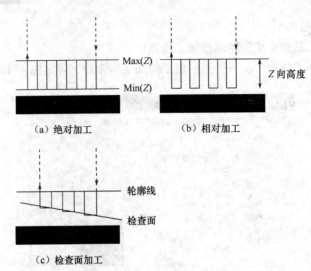

（a）绝对加工　　　　　　　　（b）相对加工

（c）检查面加工

图 4-105　加工模式的选择

当单击起始点时，可以在工作区直接单击来确定起始点。在对话框中填入起始点的 X 值，Y 值和 Z 值来确定起始点。

（十）平面轮廓精加工

平面轮廓精加工属于二轴加工方式，由于它可以指定拔模斜度所以也可以做二轴半加工。主要用于加工封闭的和不封闭的轮廓。适合 2/2.5 轴精加工，支持具有一定拔模斜度的轮廓轨迹生成，可以为生成的每一层轨迹定义不同的余量。生成轨迹速度较快。

选择"加工"→"粗加工"→"平面轮廓精加工"命令，弹出图 4-106 所示的对话框。

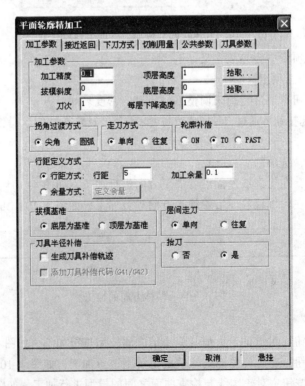

图 4-106　"平面轮廓精加工"对话框的加工参数设置

平面轮廓加工参数表的内容包括：平面轮廓加工参数、切削用量、进退刀方式、下刀方式、铣刀参数五大项。下刀方式前面已有介绍。

平面轮廓加工参数包括：加工参数、拐角过渡方式、走刀方式、轮廓补偿、行距定义方式、拔模基准、层间走刀、机床自动补偿（G41/G42）等八项，每一项中又有其各自的参数。具体含义可参看加工基本概念的解释，各种参数的含义如下：

（1）"走刀方式"选项组。

"单向"单选按钮：抬刀连接。刀具加工到一行刀位的终点后，抬到安全高度，再沿直线快速走刀到下一行首点所在位置的安全高度，垂直进刀，然后沿着相同的方向进行加工，如图 4-107（a）所示。

"往复"单选按钮：直线连接，与单向不同的是在进给完一个行距后刀具沿着相反的方向进行加工，行间不抬刀，如图 4-107（b）所示。

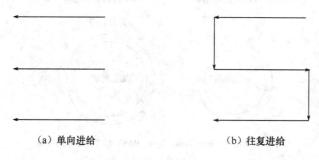

（a）单向进给　　　　　　　　　　（b）往复进给

图 4-107　走刀方向

（2）"拐角过渡方式"选项组。

"尖角"单选按钮：刀具从轮廓的一边到另一边的过程中，以两条边延长后相交的方式连接，如图 4-108（a）所示。

"圆弧"单选按钮：刀具从轮廓的一边到另一边的过程中，以圆弧的方式过渡。过渡半径=刀具半径+余量，如图 4-108（b）所示。

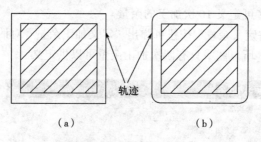

（a）　　　　　　　　（b）

图 4-108　拐角过渡方式

（3）"拔模基准"选项组。当加工的工件带有拔模斜度时，工件顶层轮廓与底层轮廓的大小不一样。用"平面轮廓"功能生成加工轨迹时，只需要画出工件顶层或底层的一个轮廓形状即可，不需要画出两个轮廓。"拔模基准"用来确定轮廓是工件的顶层轮廓或是底层轮廓。

"底层为基准"单选按钮：加工中所选的轮廓是工件底层的轮廓。

"顶层为基准"单选按钮：加工中所选的轮廓是工件顶层的轮廓。

（4）"轮廓补偿"选项组。

ON 单选按钮：刀心线与轮廓重合。

TO 单选按钮：刀心线未到轮廓一个刀具半径。

PAST 单选按钮：刀心线超过轮廓一个刀具半径。

图 4-109 所示为轮廓补偿方式。

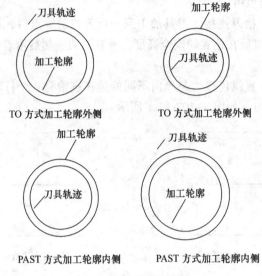

图 4-109 轮廓补偿

注意：补偿是左偏还是右偏取决于加工的是内轮廓还是外轮廓，如图 4-109 所示。

（5）"行距定义方式"选项组。

"行距方式"单选按钮：确定最后加工完工件的余量及每次加工之间的行距，也可以叫等行距加工

"余量方式"单选按钮：定义每次加工完所留的余量，也可以叫不等行距加工。余量的次数在刀次中定义。最多可定义 10 次加工的余量。

余量方式下，单击"定义余量"按钮可弹出"定义加工余量"对话框，如图 4-110 所示。在刀次中已经定义为四，所以图中只有四次加工余量可以供定义。

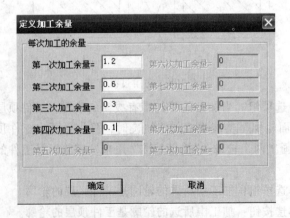

图 4-110 "定义加工余量"对话框

具体操作步骤如下：

（1）填写参数表。

（2）拾取轮廓线，如图 4-111 所示。

填写完参数表后，单击"确认"按钮，系统将给出提示"拾取轮廓"，提示用户选择轮廓线。

拾取轮廓线可以利用曲线拾取工具菜单，按【Space】键弹出工具菜单，如图 4-112 所示。工具菜单提供三种拾取方式：单个拾取，链拾取和限制链拾取。

图 4-111 轮廓线示意图　　　　图 4-112 链拾取菜单工具

（3）轮廓线拾取方向。当拾取第一条轮廓线后，此轮廓线变为红色的虚线。系统给出提示"选择方向"。要求用户选择一个方向，此方向表示刀具的加工方向，同时也表示拾取轮廓线的方向，如图 4-113 所示。拾取，则系统提示继续拾取轮廓线。如果采用限制链拾取则系统自动拾取该曲线与限制曲线之间连接的曲线。

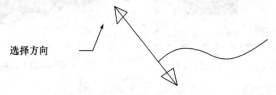

图 4-113 选择方向示意图

（4）选择加工的侧边。当拾取完轮廓线后，系统要求继续选择方向，此方向表示加工的侧边，是加工轮廓线内侧还是轮廓线外侧的区域。

（5）生成刀具轨迹。选择加工侧边之后，系统生成绿色的刀具轨迹。

注意：

①轮廓线可以是封闭的，也可以是不封闭的。

②轮廓既可以是 XOY 面上的平面曲线，也可以是空间曲线。若是空间轮廓线，则系统将轮廓线投影到 XOY 面之后生成刀具轨迹。

③可以利用该功能完成分层的轮廓加工。通过指定"当前高度"、"底面高度"及"每层下降高度"，即可定出加工的层数，进一步通过指定"拔模角度"，可以实现具有一定锥度的分层加工。

（十一）等高线精加工 2

等高线精加工 2 是指生成等高线加工轨迹。增加了参照导向线选项，支持高速加工，支持抬刀自动优化。

选择"加工"→"精加工"→"等高线精加工 2"命令，详细的参数说明请阅读"等高线精加工"内容。

图 4-114 和图 4-115 所示为"等高线精加工 2"和"等高线精加工"所做的加工轨迹的比较，我们可以清楚地看到抬刀的优化、层间轨迹的连接更加适合于高速加工。导向线功能使等高刀具轨迹生成按给定的导向线变化，从图中可以看到轨迹的层间高度是不均匀的，但沿导向线是均匀的，最终使加工的效果更好。

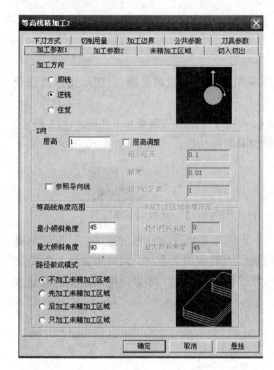

图 4-114 "等高线精加工 2"的加工参数设置　　图 4-115　加工轨迹比较

（十二）轮廓导动精加工

平面轮廓法平面内的截面线沿平面轮廓线导动生成加工轨迹，也可以理解为平面轮廓的截面导动加工。

1. 特点

（1）做造型时，只做平面轮廓线和截面线，不用做曲面，简化了造型。

（2）做加工轨迹时，因为它的每层轨迹都是用二维的方法来处理的，所以拐角处如果是圆弧，那么它生成的 G 代码中就是 G02 或 G03，充分利用了机床的圆弧插补功能。因此它生成的代码最短，但加工效果最好。比如加工一个半球，用导动加工生成的代码长度是用其他方式（如参数线）加工半球生成的代码长度的几十分之一到上百分之一。

（3）生成轨迹的速度非常快。

（4）能够自动消除加工的刀具干涉现象。无论是自身干涉还是面干涉，都可以自动消除，因为它的每一层轨迹都是按二维平面轮廓加工来处理的。

（5）加工效果最好。由于使用圆弧插补，而且刀具轨迹沿截面线按等弧长分布，所以可以达到很好的加工效果。

（6）适用于上述的三种刀具。

（7）截面线由多段曲线组合，可以分段来加工。

（8）沿截面线由下往上还是由上往下加工，可以根据需要任意选择。

2. 参数表说明

选择"导动面加工"命令，弹出图 4-116 所示的导动面加工参数对话框。对话框的内容包括：导动面轮廓参数、切削用量、铣刀参数等三项，每项中又有其各自的参数种参数的含义：

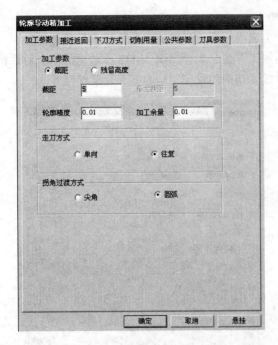

图 4-116 "轮廓导动精加工"的加工参数设置

"加工参数"选项组中的"轮廓精度"文本框：拾取的轮廓有样条时的离散精度。"截距"文本框：沿截面线上每一行刀具轨迹间的距离，按等弧长来分布。

3. 具体操作步骤如下：

（1）填写加工参数表。

（2）拾取轮廓线和加工方向。

（3）确定轮廓线链搜索方向。

（4）拾取截面线和加工方向。

（5）确定截面线链搜索方向并右击结束拾取。

（6）拾取箭头方向以确定加工内侧或外测。

（7）生成刀具轨迹：系统立即生成图 4-117 所示的刀具轨迹。

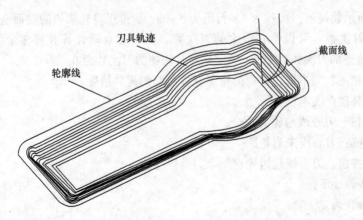

图 4-117 导动面的加工

注意：截面线必须在轮廓线的法平面内且与轮廓线相交于轮廓的端点。

（十三）曲面轮廓加工

曲面轮廓加工是指生成沿一个轮廓线加工曲面的刀具轨迹。

选择"曲面轮廓精加工"命令，弹出图 4-118 所示对话框。对话框内容包括刀具信息、各种进给速度、加工方式、切削用量、切削参数、轮廓补偿等。

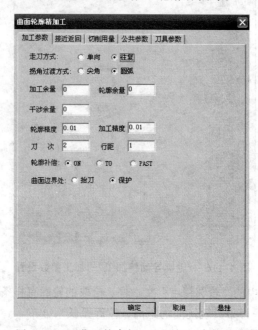

图 4-118 "曲面轮廓加工"的加工参数设置

"加工参数"选项卡中各参数含义如下：

（1）刀次和行距。

"刀次"文本框：产生的刀具轨迹的行数。

"行距"文本框：每行刀位之间的距离。

注意：在其他的加工方式里，刀次和行距是单选的，最后生成的刀具轨迹只使用其中的一个参数，而在曲面轮廓加工里刀次和轮廓是关联的，生成的刀具轨迹由刀次和行距两个参数决定。

图 4-119 所示轨迹的刀次数为 4，行距为 5 mm，如果想将轮廓内的曲面全部加工，又无法给出合适的刀次数，可以给一个大的刀次数，系统会自动计算并将多余的刀次删除。图 4-120 所示轨迹的刀次数为 100，但实际刀具轨迹的刀次数为 9。

（2）"轮廓精度"文本框：拾取的轮廓有样条时的离散精度。

（3）"轮廓补偿"文本框。

ON 单选按钮：刀心线与轮廓重合。

TO 单选按钮：刀心线未到轮廓一个刀具半径。

PAST 单选按钮：刀心线超过轮廓一个刀具半径。

具体操作步骤如下：

（1）填写参数表。

（2）拾取曲面：填写完参数表格后，单击"确定"按钮，系统给出提示"拾取曲面"，提示用户选择被加工曲面。右击结束曲面拾取。拾取时可用拾取工具菜单。

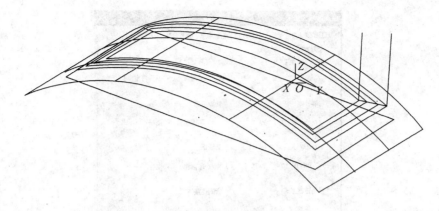

图 4-119 道具轨迹 1

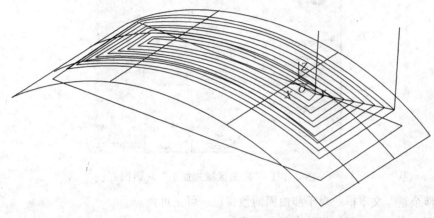

图 4-120 道具轨迹 2

（3）拾取轮廓及轮廓走向：拾取完曲面后，系统提示"拾取轮廓"。要求用户给出需要加工的轮廓线。当拾取到第一条轮廓线后，系统提示选择轮廓走向，此方向表示轮廓线的连接方向，即下一条轮廓线与此轮廓线的位置关系。选取完方向后，系统提示"继续选取曲线"。选择区域加工方向：拾取轮廓线时，若轮廓线封闭，则系统自动结束轮廓线拾取状态。若轮廓线不封闭，可以继续拾取，直至右击结束。拾取完所需的轮廓线后，系统接着提示"选择加工的侧边"此方向表示加工轮廓线的右边还是左边。

（4）生成刀具轨迹。

（十四）曲面区域加工

曲面区域加工是指生成加工曲面上的封闭区域的刀具轨迹。

选择"曲面区域式加工"命令，弹出图 4-121 所示对话框。对话框内容包括：刀具信息、各种进给速度、走刀方式、加工方式、切削用量、切削参数、轮廓补偿、岛补偿等。

"加工参数"选项卡中各参数含义：

（1）"走刀方式"选项组。

"平行加工"单选按钮：输入与 X 轴的夹角。

"环切加工"单选按钮：选择从里向外还是从外向里。

（2）切削用量。

"加工余量"文本框：对加工曲面的预留量，可正可负。

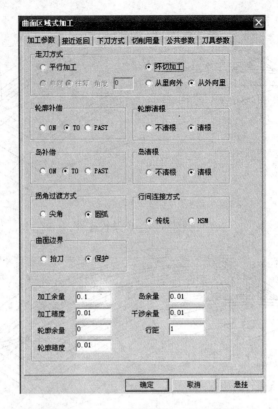

图 4-121 "曲面区域式加工"对话框

"干涉余量"文本框：对干涉曲面的预留量，可正可负。

"行距"文本框：每行刀位之间的距离。

"轮廓精度文本框"：拾取的轮廓有样条时的离散精度。

（3）"轮廓补偿"选项组。

ON 单选按钮：刀心线与轮廓重合。

TO 单选按钮：刀心线未到轮廓一个刀具半径。

PAST 单选按钮：刀心线超过轮廓一个刀具半径。

具体操作步骤如下：

（1）填写参数表。

（2）拾取曲面。填写完参数表格后，单击"确定"按钮，系统给出提示"拾取曲面"，提示用户选择被加工曲面。右击结束曲面拾取。

（3）拾取轮廓线及轮廓线走向。拾取完曲面后系统提示"拾取轮廓"。轮廓线的拾取可以采用"矢量工具"菜单。用单个拾取方式时，拾取到一条轮廓线后，系统给出表示轮廓线拾取方向的双箭头，要求用户选择拾取方向。按照箭头方向的指示选取轮廓线，在拾取轮廓线的过程中，系统自动判断轮廓线的封闭性。

（4）岛的拾取。轮廓完全封闭后，系统接着提示"拾取第一个岛"。拾取到一个岛后，系统会提示拾取第二个岛，第三个岛等等。右击结束岛的拾取。

（5）生成刀具轨迹：此后系统生成图 4-122 所示的刀具轨迹。

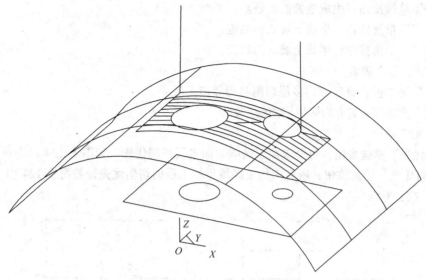

图 4-122　岛清根道具轨迹示意图

五、补加工

（一）笔式清根加工

笔式清根加工是指生成笔式清根加工轨迹。

选择"加工"→"补加工"→"笔式清根加工"命令，弹出图 4-123 所示的对话框。

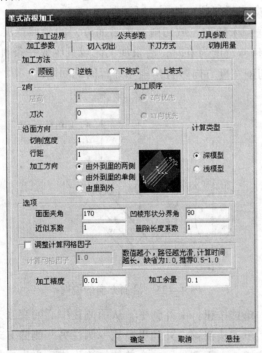

图 4-123　"笔式清根加工"对话框

"加工参数"选项卡中各参数含义如下：

（1）"加工方法"选项组。

"顺铣"单选按钮：生成顺铣的轨迹。

"逆铣"单选按钮：生成逆铣的轨迹。

"下坡式"单选按钮：生成下坡式的轨迹。

"上坡式"单选按钮：生成上坡式的轨迹。

（2）"Z向"选项组。

"层高"文本框：设定 Z 向多层切削时相邻加工层

"刀次"文本框：Z 方向多层切削的层数。

（3）"加工顺序"选项组。

"Z向优先"单选按钮：每个未加工区域 Z 向多层切削优先，如图 4-124（a）所示。

"XY向优先"单选按钮：所有未加工区域每加工层的切削优先，如图 4-124（b）所示。

Z 向刀次：3

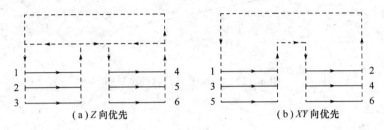

(a) Z 向优先   (b) XY 向优先

图 4-124 加工顺序的选择

（4）"沿面方向"选项组。

设定沿模型表面方向多行切削，如图 4-125 所示。

"切削宽度"文本框：未加工区域切削范围沿面方向的延伸宽度，设定后沿未加工区域会生成多条轨迹。设定延伸宽度为 0 时，沿未加工区域只生成一条轨迹。

"行距"文本框：切削宽度方向多行切削相邻行间的间隔。

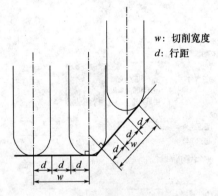

w：切削宽度
d：行距

图 4-125 沿面方向的说明

"由外到里的两侧"单选按钮：由外到里，从两侧往中心的交互方式生成轨迹。

"由外到里的单侧"单选按钮：由外到里，从一侧往另一侧的方式生成轨迹。

"由里到外"单选按钮：由里到外，一个单侧轨迹生成后再生成另一单侧的轨迹。

（5）"计算类型"选项组。

"深模型"单选按钮：生成适合具有深沟的模型或者极端浅沟的模型的轨迹。

"浅模型"单选按钮：生成适合冲压用的大型模型，和深模型相比，计算时间短。

（6）"选项"选项组。

"面面夹角"文本框：如果面面夹角大时我们不希望在这里做出补加工轨迹。所以系统计算出的面面之间的夹角小于面面夹角的凹棱线处才会做出补加工轨迹。

（7）"调整计算网格因子"复选框：设定轨迹光滑的计算间隔因子，因子的推荐值为 0.5 ~ 1.0，一般设定为 1.0，虽然因子越小生成的轨迹越光滑，但计算时间会越长。

具体操作步骤如下：

（1）填写参数表。填写完成后单击"确定"或"悬挂"按钮。

（2）系统提示"拾取加工对象"，拾取要加工的模型。

（3）系统提示"拾取加工边界"，拾取封闭的加工边界曲线，或者右击不拾取边界曲线。

（4）系统提示"正在计算轨迹，请稍候"。

轨迹计算完成后，在屏幕上出现加工轨迹，同时在加工轨迹树上出现一个新节点。如果填写完参数表后，单击"悬挂"按钮。就不会有计算过程，屏幕上不出现加工轨迹，仅在轨迹树上出现一个新节点，这个新节点的文件夹图标上有一个黑点，表示这个轨迹还没有计算。在这个轨迹树节点上右击，会弹出一个菜单，运行"轨迹重置"命令可以计算这个加工轨迹。

注意：

①下刀方式：指定切入方式为 Z 字形或倾斜线时，系统会缺省设定切入方式的距离模式为相对。

②加工边界：指定的加工边界在 XY 向相交或连接时，不能生成正确的轨迹。

刀具相对于边界的位置为无效参数。

（二）等高线补加工

等高线补加工是指生成等高线补加工轨迹。

选择"加工"→"补加工"→"等高线补加工"命令，弹出图 4-126 所示的对话框。

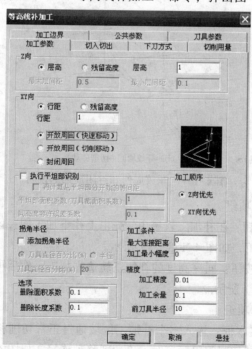

图 4-126　"等高线补加工"对话框

"加工参数"选项卡中各参数含义如下：

（1）"Z向"选项组。

"层高"单选按钮：Z向每加工层的切削深度。

"残留高度"单选按钮：系统会根据输入的残留高度的大小计算Z向层高。

"最大层间距"文本框：输入最大Z向切削深度。根据残留高度值在求得Z向的层高时，为防止在加工较陡斜面时可能层高过大，限制层高在最大层间距的设定值之下。

"最小层间距"文本框：输入最小Z向切削深度。根据残留高度值在求得Z向的层高时，为防止在加工较平坦面时可能层高过小，限制层高在最小层间距的设定值之上。

（2）"XY向"选项组。

"向行距"单选按钮：XY方向的相邻扫描行的距离。

"残留高度"单选按钮：相邻切削行轨迹间残余量的高度。当指定残留高度时，会提示行距的大小。

行距和残留高度的说明如图 4-127 所示。

"开放周回（快速移动）"单选按钮：在开放形状中，以快速移动进行抬刀。

"开放周回（切削移动）"单选按钮：在开放形状中，生成切削移动轨迹。

"封闭周回"单选按钮：在开放形状中，生成封闭的周回轨迹。

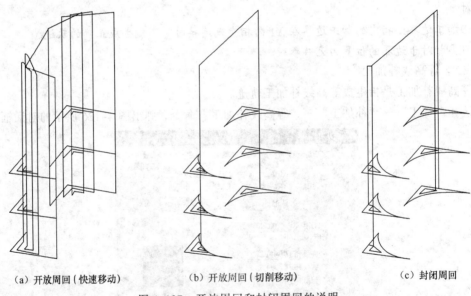

（a）开放周回（快速移动）　　　　（b）开放周回（切削移动）　　　　（c）封闭周回

图 4-127　开放周回和封闭周回的说明

（3）"加工顺序"选项组。

"Z向优先"单选按钮：在补加工轨迹中，先由上往下加工同一区域的残余量，然后再移动至下一个区域进行加工，如图 4-128（a）所示。

"XY向优先"单选按钮：同一高度的补加工轨迹先加工，然后再加工下一层高度的补加工轨迹，如图 4-128（b）所示。

（4）"加工条件"选项组。

"最大连接距离"文本框：输入多个补加工区域通过正常切削移动速度连接的距离。最大连接距离＞补加工区域切削间隔距离时，以切削移动连接；如图 4-129（a）所示。最大连接距离＜加工区域切削间隔距离时，抬刀后快速移动连接，如图 4-129（b）所示。

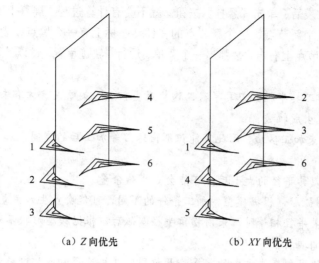

（a）*Z* 向优先　　　　　　　　（b）*XY* 向优先

图 4-128　加工顺序的选择

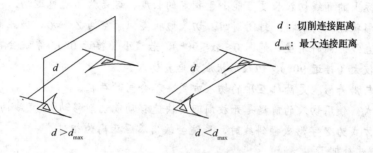

d：切削连接距离

d_{max}：最大连接距离

$d > d_{max}$　　　　　　　　$d < d_{max}$

图 4-129　加工条件的说明

"加工最小幅度"文本框：补加工区域宽度小于加工最小幅度时，不生成轨迹，请将加工最小幅度设定为 0.01 以上。如果设定 0.01 以下的值，系统会以 0.01 计算处理，如图 4-130 所示。

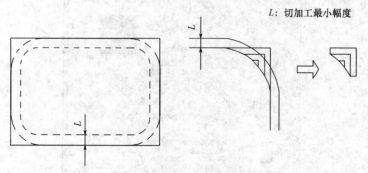

L：切加工最小幅度

图 4-130　加工最小幅度说明

具体操作步骤如下：

（1）填写参数表。填写完成后单击"确定"或"悬挂"按钮。

（2）系统提示"拾取加工对象"。拾取要加工的模型。

（3）系统提示"拾取加工边界"。拾取封闭的加工边界曲线，或者右击不拾取边界曲线。

（4）系统提示"正在计算轨迹，请稍候"。轨迹计算完成后，在屏幕上出现加工轨迹，同时在加工轨迹树上出现一个新节点。

如果填写完参数表后，单击"悬挂"按钮。就不会有计算过程，屏幕上不出现加工轨迹，仅在轨迹树上出现一个新节点，这个新节点的文件夹图标上有一个黑点，表示这个轨迹还没有算。在这个轨迹树节点上右击，会弹出一个菜单，运行"轨迹重置"可以计算这个加工轨迹。

注意：

①加工参数：前刀具半径＞刀具半径，这样对当前加工策略而言才有未加工区域，从而生成轨迹。否则不能生成轨迹。

由于在 2D 求得未加工区域，因此不能识别出球刀等加工后的空间未加工区域（3D 的切削残余）。

XY 向行距超过刀具半径的大小后，可能会产生残余量。

采用拐角半径圆弧后，根据模型，加工条件的不同，可能会产生残余量。

XY 向行距和刀具半径相等时，采用拐角半径圆弧后，根据模型形状不同会产生残余量。此时，请把 XY 向行距减小。

②切入/切出：使用向直线方式的前提：开放周回（快速移动或切削移动）。由于模型形状的影响，实际上的直线切入长度可能小于指定的长度，这是为了避免过切。

使用沿着形状方式的前提：封闭周回。切入形状类似于空间 Z 字形，当距离较小时，切入形状为倾斜直线。倾斜角度的范围 $0 \leqslant \alpha \leqslant 90°$），若较小（接近 $0°$），系统会自动采用螺旋方式切入，若较大（接近 $90°$），切入形状成为垂直切入。

巧向直线与沿着形状是两种互斥的切入方式，不会同时存在。

③下刀方式：使用切入的前提是开放周回（快速移动或切削移动），直线切入长度。

指定切入方式为 Z 字形或倾斜线时，系统会缺省参照距离为相对。

（三）区域式补加工

区域式补加工是指生成区域补加工轨迹。

选择"加工"→"补加工"→"区域式补加工"命令，弹出图 4-131 所示的对话框

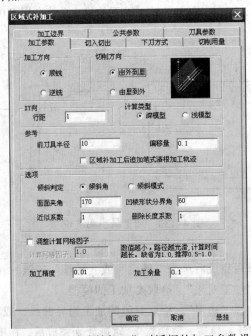

图 4-131 "区域式补加工"对话框的加工参数设置

"加工参数"选项卡中各参数含义如下：

（1）"切削方向"选项组。

"由外到里"单选按钮：生成从外往里，从一个单侧加工到另一个单侧的加工轨迹。

"由里到外"单选按钮：生成从里往外，从一个单侧加工到另一个单侧的加工轨迹。

（2）"XY向"选项组。

"行距"文本框：XY向相邻切削行间的切削间隔。

（3）"计算类型"选项组。

"深模型"单选按钮：生成适合具有深沟的模型或者极端浅沟的模型的轨迹。

"浅模型"单选按钮：生成适合冲压用的大型模型。和深模型相比，计算时间短。

（4）"参考"选项组。

"前刀具半径"文本框：即前一加工策略采用的刀具的直径（球刀）。

"偏移量"文本框：通过加大前把刀具的半径，来扩大未加工区域的范围。偏移量即前把刀具半径的增量，例如前刀具半径为 10 mm，偏移量指定为 2 mm 时，加工区域的范围就和前刀具 12 mm 时产生的未加工区域的范围一致

"区域补加工后追加笔式清根加工轨迹"复选框：设定是否在区域补加工后追加笔式清根加工轨迹。

图 4-132 所示为"参考"选项组中的加工参数说明。

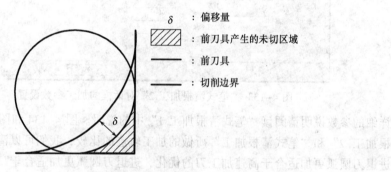

δ ：偏移量

▨ ：前刀具产生的未切区域

—— ：前刀具

—— ：切削边界

图 4-132　加工参数说明

具体操作步骤如下：

（1）填写参数表。填写完成后单击"确定"或"悬挂"按钮。

（2）系统提示"拾取加工对象"，拾取要加工的模型。

（3）系统提示"拾取加工边界"，拾取封闭的加工边界曲线，或者直接右击不拾取边界曲线。

（4）系统提示"正在计算轨迹，请稍候"。轨迹计算完成后，在屏幕上出现加工轨迹，同时在加工轨迹树上出现一个新节点。

如果填写完参数表后，单击"悬挂"按钮。就不会有计算过程，屏幕上不出现加工轨迹，仅在轨迹树上出现一个新节点，这个新节点的文件夹图标上有一个黑点，表示这个轨迹还没有计算。在这个轨迹树节点上按鼠标右键，会弹出一个菜单，运行"轨迹重置"可以计算这个加工轨迹。

注意：

①加工参数：前刀具半径＞刀具半径，这样对当前加工策略而言才有未加工区域，从而生成轨迹，否则不能生成轨迹。

②下刀方式：指定切入方式为 Z 字形或倾斜线时，系统会缺省设定切入方式的距离模式为相对。

（四）笔式清根加工 2

笔式清根加工 2 是指生成笔式清根加工轨迹。支持高速加工及抬刀优化。与"笔式清根加工"比较生成的刀具轨迹更加适合高速加工，提高加工效率。

选择"加工"→"补加工"→"笔式清根加工 2"命令，弹出图 4-133 所示的对话框。

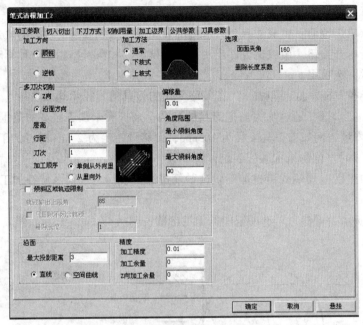

图 4-133 "笔式清根加工 2"对话框的加工参数设置

详细的参数说明请阅读"笔式清根加工 1"中的说明。图 4-134 和图 4-135 所示为"笔式清根加工 2"和"笔式清根加工"所做的加工轨迹的比较，我们可以清楚地看到抬刀的优化，进退刀圆弧更加适合于高速加工刀的优化，进退刀圆弧更加适合于高速加工。

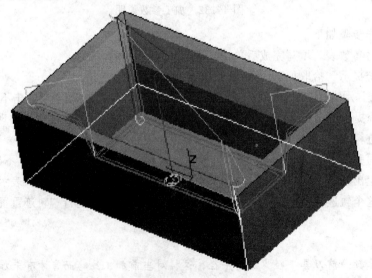

图 4-134 笔式清根加工 2

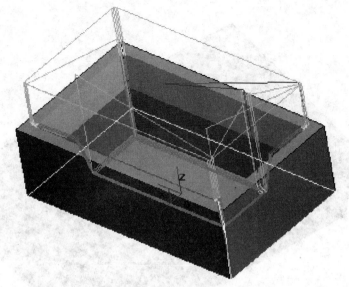

图 4-135　笔式清根加工

（五）区域式补加工 2

区域式补加工 2 是指生成区域补加工轨迹。支持高速加工及抬刀优化。

选择"加工"→"补加工"→"区域式补加工"命令，或单击"加工"工具栏中的按钮，弹出图 4-136 所示的对话框。

图 4-136　"区域式补加工 2"的加工参数设置

详细的参数说明请阅读"区域式补加工"内容。图 4-137 和图 4-138 所示为"区域式补加工 2"和"区域式补加工"所做的加工轨迹的比较，我们可以清楚地看到抬刀的优化，进退刀圆弧、最大化修圆和最小化修圆更加适合于高速加工

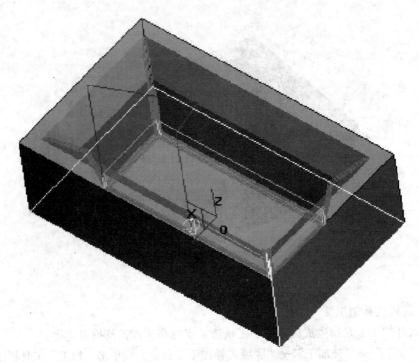

图 4-137　区域式补加工 2

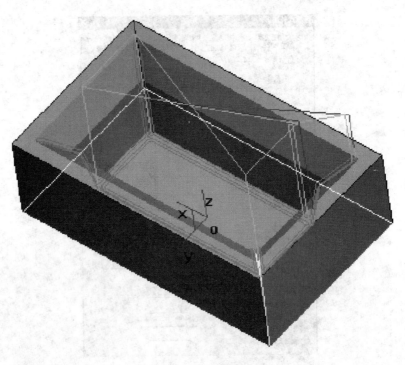

图 4-138　区域式补加工

六、宏加工

宏加工根据给定的平面轮廓曲线，生成加工圆角的轨迹和带有宏指令的加工代码。该功能充分利用了 FANUC 系统的宏程序功能，使得倒圆角的加工程序变得异常简单灵活。

选择"加工"→"宏加工"→"倒圆角加工"命令，如图 4-139 所示，弹出如图 4-140 所示对话框。

图 4-139　宏加工

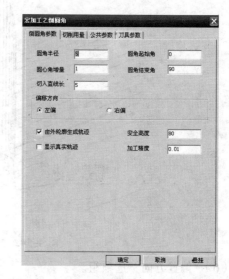

图 4-140　"宏加工之倒圆角"对话框的参数设置

"倒圆角参数"选项卡中各参数含义如下：

（1）"圆角半径"文本框：倒圆角的半径值。圆角的半径值一定要小于轮廓的拐角半径值，如图 4-141 所示。

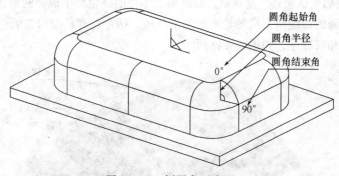

图 4-141　倒圆角示意图

（2）"圆心角增量"文本框：倒圆角是由多层轨迹形成。每层轨迹是由起始角向结束角变化，再由每一个变化的角度值计算第一层轨迹的 Z 值和对于轮廓的偏置量，这个角度变化量就是圆心角的增量。圆角半径值小，圆心角增量可大一些，反之则应该小一些，理想的结果应该按弧长进行计算。圆心角增量值按绝对值给出。

（3）"圆起始角"文本框：加工圆角时的开始角。一般应设为 0°、不允许小于结束角。

（4）"圆角结束角"文本框：加工圆角时的结束角。一般应设为 90°、不允许大于开始角。

（5）"切入直线长"文本框：每一层轨迹从加工工艺上考虑需要从工件外切入，从编程上考虑由于使用了机床偏置，每一层轨迹都需要有一个加入机床偏置和取消机床偏置的程序段，这一段直线就是切入直线。它的长度要求大于刀具半径，如图 4-142 所示。

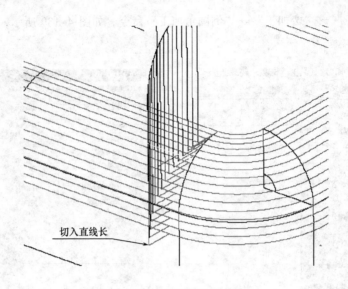

图 4-142 切入直线示意图

（6）"偏置方向"选项组。

"左偏"单选按钮：向被加工曲线的左边进行偏置。左方向的判断方法与 G41 相同，即刀具加工方向的左边

"右偏"单选按钮：向被加工曲线的右边进行偏置。右方向的判断方法与 G42 相同，即刀具加工方向的右边。

（7）"由外轮廓生成轨迹"复选框：由被加工零件的外轮廓生成倒圆角加工轨迹。反之则是由圆角与上平面的切线所形成的轮廓的加工轨迹。两个轮廓根据勾选的选项不同可以生成相同的加工轨迹和宏程序，如图 4-143 所示。

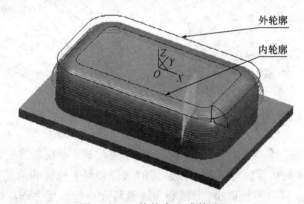

图 4-143 外轮廓生成轨迹

（8）"显示真实轨迹"复选框：真实轨迹是用宏程序加工时实际要走的轨迹，它只是作为显示用，真正生成的加工程序仍然是宏程序。

（9）"安全高度"文本框：刀具在此高度以上任何位置，均不会碰伤工件和夹具。

（10）"加工精度"文本框：输入模型的加工误差。计算模型的轨迹的误差小于此值。加工误差越大，模型形状的误差也增大，模型表面越粗糙。加工精度越小，模型形状的误差也减小，模型表面越光滑，但是，轨迹段的数目增多，轨迹数据量变大，如图 4-144 所示。

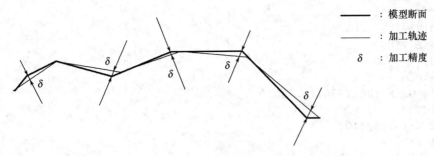

———：模型断面

———：加工轨迹

δ ：加工精度

图 4-144 加工精度

注意:

①支持球铣刀、端铣刀和 R 铣刀。

②代码生成: 生成加工代码请选用后置文件 Fanuc_m, 如图 4-145 所示。

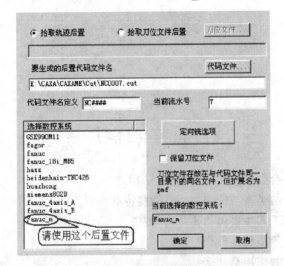

图 4-145 加工代码的生成

③生成的代码中包含了宏指令, 上例生成的代码如下。代码中的中文字在输入到机床时要删除掉, 在这里只是为了让读者容易理解程序。#2(圆角增量)可根据加工的需要进行调整

```
%
O1200
N10 TI M6
N12 G90 G54 G0 X70. Y-70.S3000 M03
N14 G43 H0 Z50. M07
N16 #1=0 ; (起始角度)
N18 #2=0 ; (角度增量)
N20 #3=0 ; (终止角)
N22 #2=#3/ROUND[#3/#2+0.5]; (修正后的角度增量)
N24 #4=0 ; (圆角半径)
N26 #5=5 ; (球刀半径)
N28 #15=5-#5 ; (刀具半径)
N30 #8=0 ; (轮廓线所在的高度 Z 值)
N32 WHILE[#1 LE #3] DO1 ; (循环直到#1 小于等于#3 时停止)
N34 #6=#8-#4+[#4+#5]*COS[#1]-#5 ; (深度)
N36 #7=#15+[#4+#5]*SIN[#1]; (径向补偿)
N38 G10L12P1 R#7 ; (将径向补偿值#7 输入机床中)
```

```
N40  Z0
N42  G01Z#6
N44  Y-66.F1000
N46  X0.
N48  X-70.
N50  G17 G2 X-100.Y-30.I0.J30.
N52  G1 Y30.
N54  G2 X-70.Y60.I0.
N56  G1 X70. ;
N58  G2 X100. Y30.I0.J-30.
N60  G1 Y-30.
N62  G2 X70. Y-60.I-30.J0.
N64  G1 Y-70.
N66  G0 Z50.
N68  X70.Y-70.
N70  #1=#1_#2
N72  END 1;
N74  M09
N76  M05
N78  M30
%
```

思考与练习

1. 有哪些对象适合数控铣床和加工中心加工？
2. 数控铣削方式的类型与铣削加工有哪些特点？
3. 数控铣削加工工艺主要包括哪些内容？
4. 自动编程的一般步骤是什么？
5. 刀具半径补偿的作用是什么？
6. CAXA 制造工程师 2011 常用的粗加工功能有哪些？
7. CAXA 制造工程师 2011 常用的精加工功能有哪些？

项目五　零件一的造型与加工

- **项目引言**

　　本项目为典型的数控铣床 2 轴加工零件，在本项目中采用 CAXA 制造工程师软件绘制造型，设计加工刀路。通过此项目学习 CAXA 制造工程师造型和加工的应用方法，学习加工中的一些常用知识，熟知加工的整个操作过程。

- **能力目标**

1. 掌握零件图纸的识读方法，使用 CAXA 制造工程师绘制造型。
2. 掌握 CAXA 制造工程师常用的加工刀路。
3. 会安排数控铣削加工工艺，编制加工工艺卡。
4. 能够完成三轴加工零件的加工

　　图 5-1 所示为零件为典型的铣削加工零件，具有正面结构特征，有凹槽、凸台等。

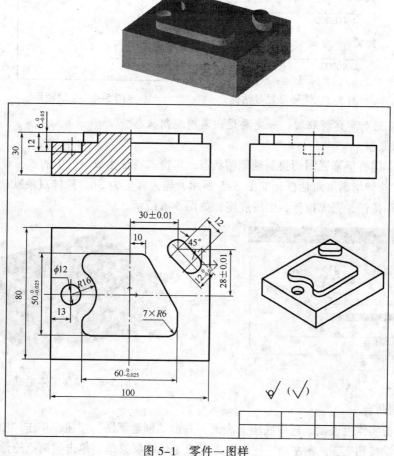

图 5-1　零件一图样

在软件界面的左侧特征树中，单击左下角的"零件特征"按钮 ，进入造型模。

一、构造正面特征

1. 创建草图

（1）单击图 5-1 所示特征树下方的"选项"按钮 ◀ ▶，当出现"零件特征"按钮时将其选中，并在栏中单击"零件 0"下的"平面 *XY*"按钮。

（2）在零件特征树中，单击"零件特征"链接，出现图 5-2 所示界面，单击"平面 *XY*"按钮 ◈ **平面**XY 单击"创建草图"按钮 ▱ 进入草图编辑界面（或按【F2】键）。

图 5-2　草图创建界面

2. 绘制截面（草图状态）

按【F5】键将屏幕视图切换到俯视图状态。单击"曲线生成"栏中的"矩形"按钮 ▭，在左侧特征树下方出现矩形绘制菜单，单击"两点矩形"下三角箭头 两点矩形 ▾，选择"中心_长_宽"选项 中心_长_宽 ▾，输入长度为 100，宽度为 80，如图 5-3 所示。单击坐标原点，将矩形中心定位到坐标原点，生成矩形，如图 5-4 所示。

图 5-3　矩形设置对话框

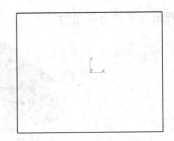

图 5-4　生成矩形

注意：在进行实体特征时，一定要退出草图绘制状态。

3. 生成底座

按【F8】键将屏幕视图切换到轴侧图状态。单击"特征生成"栏中的"拉伸增料"按钮 ▣，弹出"拉伸增料"对话框，如图 5-5 所示，输入深度为 30，拉伸对象默认为草图 0，单击"确定"按钮，完成拉伸，生成底座，如图 5-6 所示。

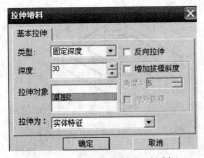

图 5-5　"拉伸增料"对话框

图 5-6　拉伸实体生成

4. 正面凸台

（1）单击实体上表面，选中底座上表面，右击"创建草图"按钮，单击"曲线生成"栏中的"矩形"按钮 ▭，在左侧特征树下方出现矩形绘制菜单，单击"两点矩形"下三角箭头[两点矩形]选择“中心_长_宽”选项[中心_长_宽]，输入长度为60，宽度为50，如图5-7所示。单击坐标原点，将矩形中心定位到坐标原点，结果如图5-8所示。

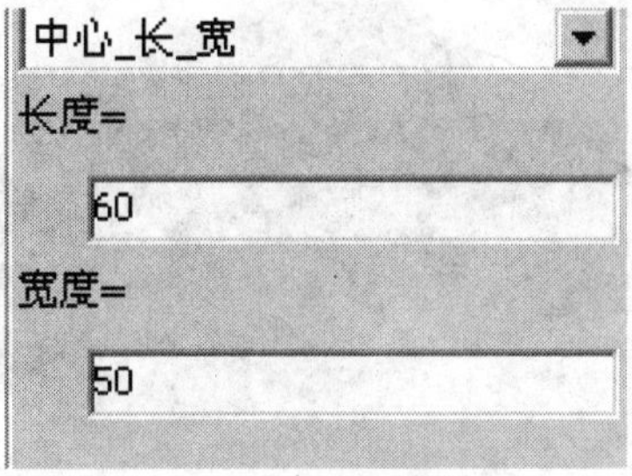

图5-7　矩形参数设置

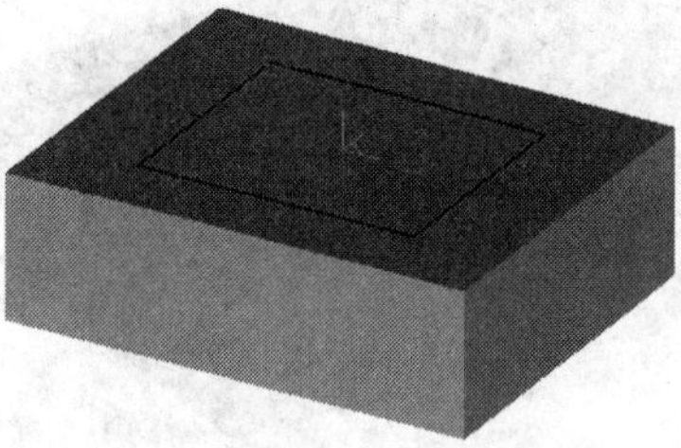

图5-8　矩形生成

（2）单击“圆”按钮，选择“圆心_半径”选项，按【Enter】键输入圆心坐标（-37，0），分别输入半径16，结果如图5-9所示。

（3）单击“直线”按钮，选择“两点线”、“单个”、“正交”、“点方式”选项，拾取坐标系原点为起始点，沿 *X*、*Y* 方向分别作与矩形相交的垂直、水平线段。

（4）单击“等距线”按钮，选择“单根曲线”、“等距”选项，输入距离为10，分别拾取刚刚所作的直线，方向选择向右、向下。

（5）单击“直线”按钮，选择“两点线”、“单个”、“非正交”选项，分别拾取上一步等距的两条直线与矩形的交点，构成直线。右击退出。

（6）单击“圆”按钮，选择“圆心_半径”选项，按【Enter】键输入圆心坐标（30，28），输入半径6，结果如图5-10所示。

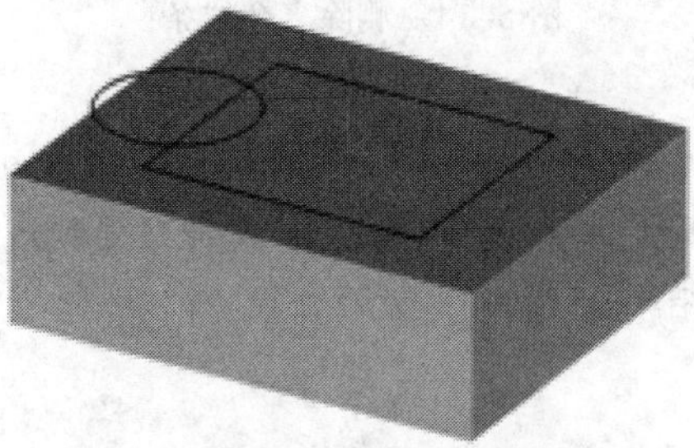

图5-9　圆的绘制

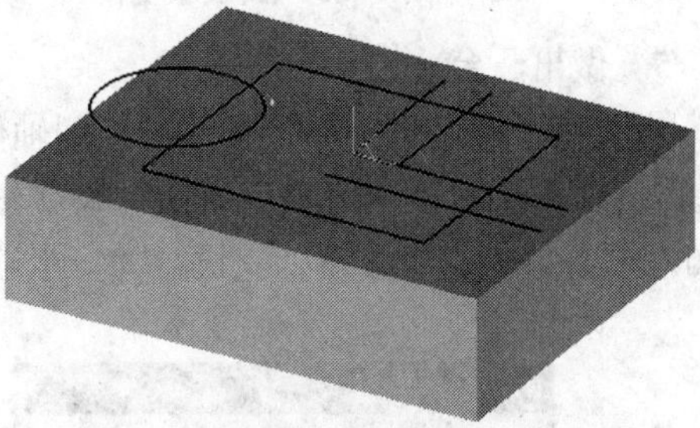

图5-10　直线的绘制

（7）单击“直线”按钮，选择“角度线”、“*X*轴夹角”选项，输入角度为45。按【Space】键调用“点工具”菜单并选择圆心，拾取上一步绘制圆的圆心，然后按【Space】键调用“点工具”菜单并选择默认点，单击右上角使之与圆有交点。

（8）单击“等距线”按钮，选择“单根曲线”、“等距”选项，输入距离为12，拾取上一步角度线，拾取方向右下角。

（9）单击“圆”按钮，选择“圆心_半径”选项，拾取上一步等距线，输入半径为6，结果如图5-11所示。

（10）单击“曲线过渡”按钮，选择“圆弧过渡”、“半径6”、“不裁剪曲线1”、“不裁剪曲线2”选项，结果如图5-12所示。

（11）单击“曲线裁剪”按钮，选择“快速裁剪”、“正常裁剪”选项，然后选取多余线进行裁剪，结果如图5-13所示。

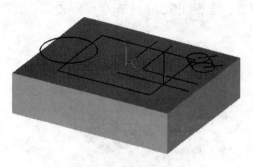

图 5-11　圆的绘制

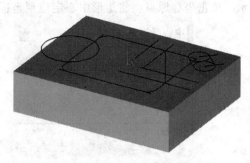

图 5-12　圆弧过渡

（12）单击"删除"按钮，选择多余线段，右击确认，结果如图 5-14 所示。

（13）关闭草图开关。

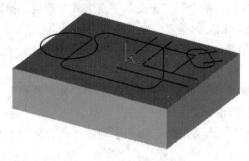

图 5-13　曲线裁剪

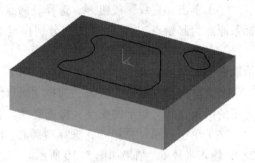

图 5-14　删除多余线条

5. 做出凸台

（1）按【F8】键将屏幕视图切换到轴侧图状态。单击"特征生成"栏中的"拉伸增料"按钮 ，弹出"拉伸增料"对话框，如图 5-15 所示。输入深度为 30，拉伸对象默认为草图 0，单击"确定"按钮，完成拉伸，生成底座，结果如图 5-16 所示。

图 5-15　"拉伸增料"对话框

图 5-16　拉伸实体生成

（2）单击"特征生成"栏中的"打孔"按钮 ，弹出"打孔类型"对话框，如图 5-17 所示。选取底座上表面为打孔平面，孔的类型选取第一行第一个，指定孔的定位点为（-37，0），单击"下一步"按钮，参数设置如图 5-18 所示，单击"完成"按钮，得到结果如图 5-19 所示。

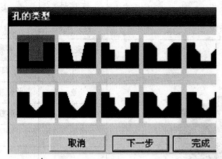

图 5-17 "孔的类型"对话框

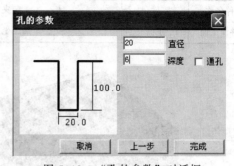

图 5-18 "孔的参数"对话框

二、CAM 加工

（一）工艺分析

该零件只需单面加工，只需要一次装夹，加工部位包括平面、外轮廓、孔。大部分几何形状均为二维图形，所以加工路线比较简单。

软件界面的左侧特征树中，单击左下角的"加工管理"按钮 ![加工管理] 加工管理，进入加工模块。双击左侧加工管理中的"毛坯"按钮 ![毛坯] 毛坯，弹出图 5-20 所示对话框。在弹出的"定义毛坯-世界坐标系"对话框中选中"参照模型"单选按钮，然后单击"参照模型"按钮，单击"确定"按钮，

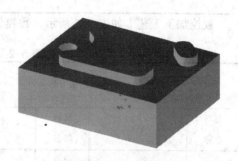

图 5-19 最终图形

生成毛坯，如图 5-21 所示。生成毛坯后将其隐藏，右击毛坯，选择"隐藏毛坯"命令即可。

正面加工，毛坯尺寸为 100 mm × 80 mm × 30 mm，下面垫两块平行垫铁，平口钳夹持部位 10 mm，毛坯顶面距离平口钳钳口 20 mm 左右。加工坐标系原点设定在工件上表面的对称中心，在最高中心绘制两条垂直的线段，单击"坐标系"工具栏中的"创建坐标系"按钮 ![按钮]，选择"两相交直线"选项，选择 X、Y 轴，并给出正方向，输入用户坐标系名称 W1，创建了加工坐标系，如表 5-1 所示。

图 5-20 毛坯设置

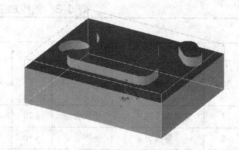

图 5-21 生成毛坯

在数控铣床上，一个或多个程序会使用同一把刀具，而在加工中心上，一个程序有时会使用多把刀具，这种刀具和程序的对应关系以及刀具的特征（例如，类型、直径、圆角半径、装刀长度等）必须通过工艺文件描述清楚，以指导机床操作者准确无误地完成加工工作。

表 5-1　装夹方案和加工坐标系设定

零件名称	零件一	装夹方案和		工序号	1
零件加工面	正面	加工坐标系设定		装夹次数	1
				夹具	名称
				1	平口钳
				2	平行垫铁
				3	T 形螺栓

数控加工工艺卡如表 5-2 所示，数控加工刀具表如表 5-3 所示。

表 5-2　数控加工工艺卡

数控加工工艺卡			零件代号		零件名称	
			GJ5		零件五	
材料名称	45#	材料状态	调质	毛坯尺寸	100×80×31	坯料件数	1
设备名称	数控铣床	设备型号	XK715	备注		
工序号	工序名称	工序内容		刀具		NC 程序文件名
1	铣削平面	正面平面铣削		ϕ20 立铣刀		
2	钻孔	钻 1 个 ϕ12 的孔		ϕ11.8 麻花钻		
3	铰孔	铰 1 个 ϕ12 的孔		ϕ12 铰刀		
4	外形精加工	外形铣削		ϕ10 铣刀		
5	中心钻	引孔		ϕ8		

表 5-3　数控加工刀具表

工序号	刀具序号	刀具						加工余量（XY向）/mm	切削用量		
		类型	刀具材料	直径	刀角半径	装刀长度			铣削深度 /mm	主轴转速 /（r/min）	进给速度 /(m/min)
1	1	立铣刀（机夹）	硬质合金	ϕ20	0.8	45	0.1			
2	2	键槽刀	硬质合金	ϕ10		30	0.1			
3	3	麻花钻	HSS	ϕ9.8		60	0.1			
4	4	中心钻	HSS	ϕ8		10	0			
5	5	铰刀	HSS	ϕ12		60	0			

（二）加工步骤

1. ϕ20铣刀铣削平面

单击"曲线生成"栏中的"相关线"按钮 ，选择"实体边界"选项，提取出反面表面的边线，作为加工的边界线。单击"加工"工具栏中的"平面区域粗加工"按钮 ，弹出"平面区域粗加工"对话框，对各个选项进行设置。

（1）刀具参数。选择ϕ20的机夹刀，刀角半径为0.8，装刀长度为45，如图5-22所示。

注意：需要双击列表中的刀具将其置为当前刀具，或单击"将刀库刀具设置为当前刀具"按钮 。

（2）加工参数。设置走刀方式为平行加工、往复，角度为0；加工参数设置为顶层高度1，底层高度0，行距16；轮廓参数设置为补偿PAST，如图5-23所示。其刀具路线如图5-24所示。

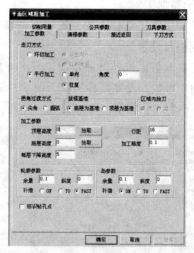

图5-22　刀具设置参数对话框　　　图5-23　"平面区域粗加工"对话框

注意："轮廓参数"设置为补偿PAST，可以使得刀具在毛坯外面下刀，避免撞刀。

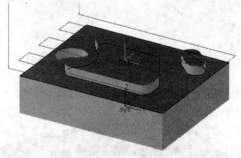

图5-24　铣削平面加工刀具路线

2. ϕ10粗加工四周外形

单击"加工"工具栏中的"区域式粗加工"按钮 ，弹出"区域式粗加工"对话框，对各个选项进行设置。

（1）刀具参数。选择上一步加工的ϕ10机夹刀，刀角半径为0，装刀长度为45。

（2）加工参数。设置加工方向为顺铣、行距为6、切削模式为环切、层高为3、行间连接方式为直线、加工边界最大为0、最小为-6，如图5-25所示。其刀具路线如图5-26所示。

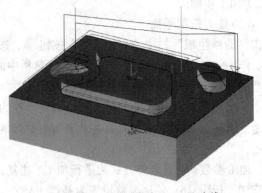

图 5-25 "区域式粗加工"参数设置 　　　　图 5-26 区域式粗加工刀具路线

3. 外形精加工

单击"加工"工具栏中的"轮廓线精加工"按钮 ◎，弹出"轮廓线精加工"对话框，对各个选项进行设置。

（1）刀具参数。选择上一步加工的 ϕ10 机夹刀，刀角半径为 0，装刀长度为 45。

（2）加工参数。设置偏移类型为偏移，偏移方向为左、行距为 5、刀次为 1、加工边界最大为 0、最小为-6，如图 5-27 所示。其刀具路线如图 5-28 所示。

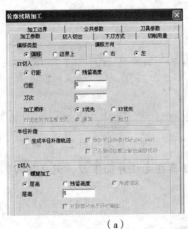

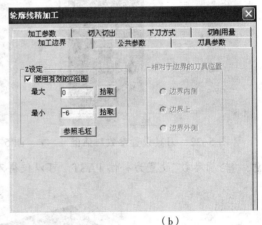

（a）　　　　　　　　　　　　　　　（b）

图 5-27 轮廓线精加工参数设置

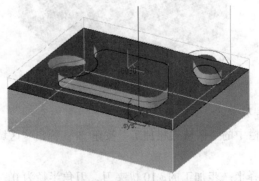

图 5-28 轮廓线精加工刀具路线

4. 钻孔

单击"加工"工具栏中的"孔加工"按钮 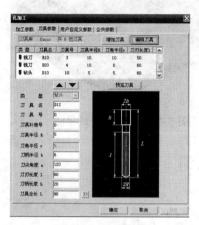，弹出"孔加工"对话框，对各个选项进行设置。

（1）刀具参数。选择一把 $\phi 12$ 的钻头，如图 5-29 所示。

（2）加工参数。设置安全高度为 20、钻孔深度为 35、工件平面为 0，如图 5-30 所示。其刀具路线如图 5-31 所示。

图 5-29 刀具选择

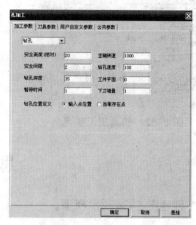

图 5-30 孔加工参数设置

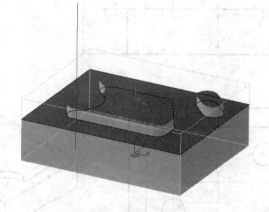

图 5-31 孔加工刀具路线

（三）仿真加工

左侧加工管理中，右击刀具轨迹，选择"全部显示"选项，将全部隐藏的刀路显示出来。选中"全部刀路"复选框，在右击弹出的菜单中，选择"实体仿真"选项。在"CAXA 轨迹仿真"界面中，单击 main 工具栏中的"仿真加工"按钮 ，弹出"仿真加工"对话框，单击"播放"按钮 ，模拟整个加工过程。

上述刀具轨迹是用 CAXA 生成的刀具中心运动轨迹，不能直接驱动数控机床加工，需要经过专门的后处理，编译产生 NC 程序，才能进行加工。每一个刀具轨迹，都可以产生一个 NC 程序，可分别对各刀具轨迹进行后处理，但同一把加工刀具的刀具轨迹应该合起来生成一个 NC 程序。单击"后置处理"和"生成 G 代码"按钮 后置处理(P) ▶ 生成 G 代码，输入程序名 11，单击"保存"按钮，右击，生成程序，如图 5-32 所示。结果如图 5-33 所示。

图 5-32　仿真加工信息

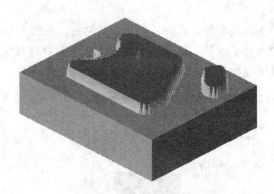

图 5-33　仿真加工效果图

思考与练习

1. 创建图 5-34 所示模型。

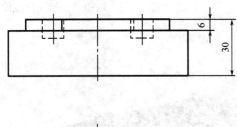

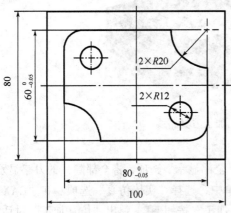

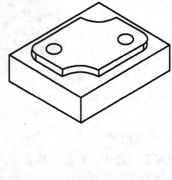

图 5-34　题图（一）

2. 创建图 5-35 所示模型。

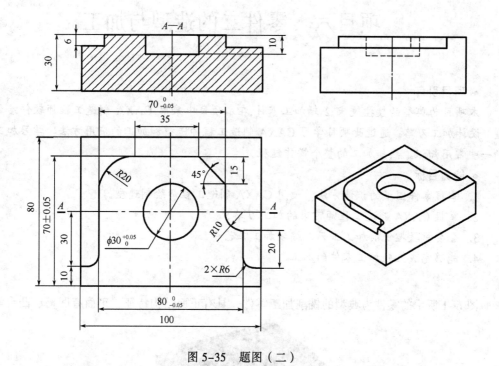

图 5-35　题图（二）

项目六 零件二的造型与加工

● 项目引言

本项目为典型的数控铣床 2 轴加工零件,在本项目中采用 CAXA 制造工程师软件绘制造型,设计加工刀路。通过此项目学习 CAXA 制造工程师造型和加工的应用方法,学习加工中的一些常用知识,熟知加工的整个操作过程。

● 能力目标

1. 掌握零件图纸的识读方法,使用 CAXA 制造工程师绘制造型。
2. 掌握 CAXA 制造工程师常用的加工刀路。
3. 会安排数控铣削加工工艺,编制加工工艺卡。
4. 能够完成三轴加工零件的加工

图 6-1 所示的零件为典型的铣削加工零件,具有正面结构特征,正面有凹槽、凸台等。

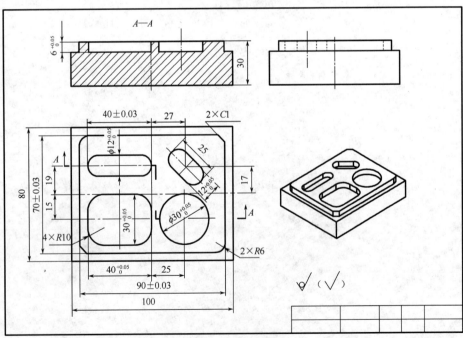

图 6-1 零件二图样

在软件界面的左侧特征树中，选择左下角的"零件特征"按钮  ，进入造型模。

一、构造正面特征

1. 创建草图

（1）单击特征树下方的"选项"按钮 ◀ ▶ ，当出现"零件特征"按钮时将其选中，并在栏中单击"零件 0"下的"平面 *XY*"按钮，如图 6-2 所示。

（2）在零件特征树中，单击"零件特征"按钮，出现下图界面，单击"平面 *XY*"按钮 ◈ 平面XY ，单击"创建草图"按钮 进入草图编辑界面（或按【F2】键）。

2. 绘制截面（草图状态）

按【F5】键将屏幕视图切换到俯视图状态。单击"曲线"生成栏中的"矩形"按钮 □ ，在左侧特征树下方出现"矩形"绘制菜单，单击"两点矩形"下三角箭头 两点矩形 ▼ 选样"中心_长_宽"选项 中心_长_宽 ▼ ，输入长度为100，宽度为80，如图 6-3 所示。单击坐标原点，将矩形中心定位到坐标原点，生成矩形，如图 6-4 所示。

图 6-2 草图创建界面

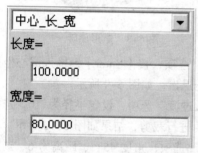

图 6-3 矩形设置对话框

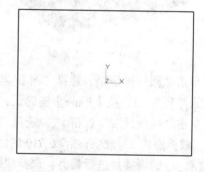

图 6-4 生成矩形

注意：在进行实体特征时，一定要退出草图绘制状态。

3. 生成底座

按【F8】键将屏幕视图切换到轴侧图状态。单击"特征生成"栏中的"拉伸增料"按钮 ，弹出"拉伸增料"对话框，如图6-5所示。输入深度为24，拉伸对象默认为草图0，单击"确定"按钮，完成拉伸，生成底座，如图6-6所示。

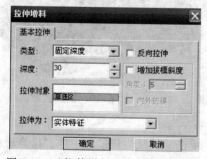

图 6-5 "拉伸增料"参数设置对话框

图 6-6 拉伸实体生成

4. 正面凸台

（1）单击实体上表面，选中底座上表面，右击"创建草图"按钮，单击"曲线生成"栏中的"矩形"按钮 □，在左侧特征树下方出现"矩形"绘制菜单，单击"两点矩形"下三角箭头 两点矩形▼ 选择"中心_长_宽"选项 中心_长_宽▼，输入长度为90，宽度为70，单击坐标原点，将矩形中心定位到坐标原点。

（2）单击"矩形"按钮 □，选择"两点矩形"、"中心_长_宽"选项，输入长度为 40，宽度为 30 按【Enter】键输入中心坐标（-20，-15），按【Enter】键确认，输入长度为 40，宽度为 12，按【Enter】键输入中心坐标（-20，19），按【Enter】键确认，输入长度为 25，宽度为 12，按【Enter】键输入中心坐标（27，17），按【Enter】键确认，右击退出，结果如图 6-7 所示。

（3）单击"平面旋转"按钮 ✿，选择"固定角度"、"移动"选项，输入角度为 135，按【Enter】键输入旋转中心点坐标（27，17），按【Enter】键确认。元素拾取上一步第三个矩形，右击确认，结果如图 6-8 所示。

图 6-7　矩形绘制

图 6-8　矩形旋转

（4）单击"圆"按钮 ⊙，选择"圆心_半径"选项，按【Enter】键输入圆心坐标（25，-15），输入半径为 15，按【Enter】键确认，右击退出，如图 6-9 所示。

（5）单击"曲线过渡"按钮 ⌐，选择"圆弧过渡"选项，设置半径为 10，选择"裁剪曲线 1"、"裁剪曲线 2"选项，拾取 R10 的倒圆角进行裁剪，结果如图 6-10 所示。修改"半径 6"，拾取 R6 的倒圆角进行裁剪。选择"倒角"选项，角度 45°、距离为 6、选择"裁剪曲线 1"、"裁剪曲线 2"选项，拾取倒角处进行裁剪，结果如图 6-10 所示。

（6）单击"删除"按钮，删除多余线段，如图 6-11 所示，最终图形如图 6-12 所示。

（7）关闭草图开关。

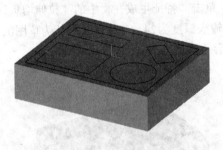
图 6-9　绘制圆

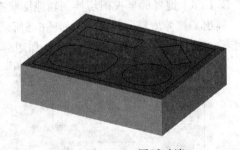
图 6-10　圆弧过渡

5．做出凸台

按【F8】键将屏幕视图切换到轴侧图状态。单击"特征生成"栏中的"拉伸增料"按钮 ⬚，弹出"拉伸增料"对话框，如图 6-13 所示。输入深度为 6，拉伸对象默认为草图 0，单击"确定"按钮，完成拉伸，生成底座，如图 6-14 所示。

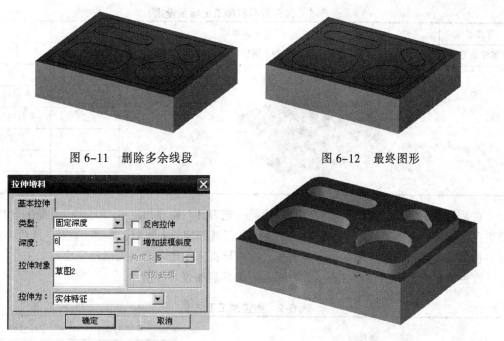

图 6-11　删除多余线段

图 6-12　最终图形

图 6-13　拉伸增料参数设置

图 6-14　拉伸最终效果

二、CAM 加工

（一）工艺分析

该零件只需要单面加工，需要一次装夹，加工部位包括平面、外轮廓、孔。大部分几何形状均为二维图形，所以加工路线比较简单。

软件界面的左侧特征树中，单击左下角的"加工管理"按钮 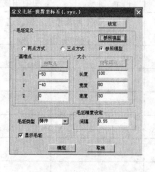 加工管理，进入加工模块。双击左侧加工管理中的"毛坯"按钮 毛坯，弹出图 6-15 所示对话框。在弹出的"定义毛坯-世界坐标系"对话框中选中"参照模型"单选按钮，然后单击"参照模型"按钮，单击"确定"按钮，生成毛坯，如图 6-16 所示。生成毛坯后将其隐藏，右击毛坯，选择"隐藏毛坯"命令即可。

图 6-15　毛坯设置

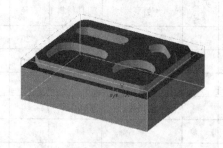

图 6-16　生成毛坯

正面加工，毛坯尺寸为 100 mm×80 mm×30 mm，下面垫两块平行垫铁，平口钳夹持部位 10 mm，毛坯顶面距离平口钳钳口 20 mm 左右。加工坐标系原点设定在工件上表面的对称中心，在最高中心绘制两条垂直的线段，单击坐标系工具中的"创建坐标系"按钮，选择"两相交直线"选项选择 X、Y 轴，并给出正方向，输入用户坐标系名称 W1，创建了加工坐标系，如表 6-1 所示。

表 6-1 装夹方案和加工坐标系设定

零件名称	零件二	装夹方案和		工序号	1
零件加工面	正面	加工坐标系设定		装夹次数	1
				夹具	名称
				1	平口钳
				2	平行垫铁
				3	T 形螺栓

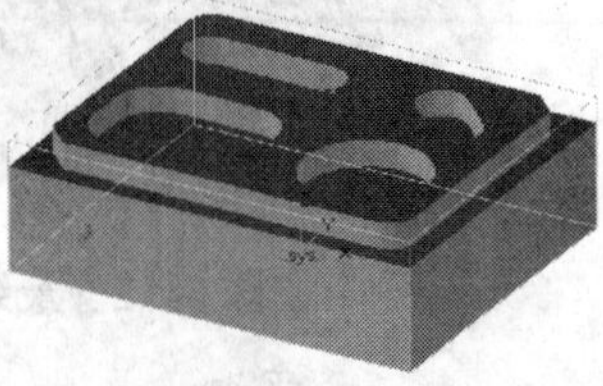

在数控铣床上，一个或多个程序会使用同一把刀具，而在加工中心上，一个程序有时会使用多把刀具，这种刀具和程序的对应关系以及刀具的特征（例如，类型、直径、圆角半径、装刀长度等）必须通过工艺文件描述清楚，以指导机床操作者准确无误地完成加工工作。

数控加工工艺卡如表 6-2 所示，数控加工刀具表如表 6-3 所示。

表 6-2 数控加工工艺卡

数控加工工艺卡					零件代号		零件名称	
					GJ5		零件五	
材料名称	45#		材料状态	调质	毛坯尺寸	100×80×31	坯料件数	1
设备名称	数控铣床		设备型号	XK715	备注			
工序号	工序名称		工序内容		刀具		NC 程序文件名	
1	铣削平面		正面平面铣削		$\phi20$ 立铣刀			
4	外形精加工		外形铣削		$\phi10$ 铣刀			

表 6-3 数控加工刀具表

工序号	刀具序号	刀具					加工余量（XY向）	切削用量		
		类型	刀具材料	直径	刀角半径	装刀长度		铣削深度 /mm	主轴转速 /(r/min)	进给速度 /(m/min)
1	1	立铣刀（机夹）	硬质合金	$\phi20$	0.8	45	0.1			
2	2	键槽刀	硬质合金	$\phi10$		30	0.1			

（二）加工步骤

1. $\phi20$ 铣刀铣削平面

（1）单击"曲线生成"栏中的"相关线"按钮 ，弹出位于特征树下的立即菜单，选择"实体边界"选项，如图 6-17 所示。移动鼠标在绘图区单击凸台外轮廓线，拾取出表面的边线，作为加工的边界线，如图 6-18 所示，图中的色黑色线为相关线。

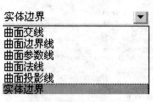

图 6-17　相关线类型

图 6-18　相关线生成

（2）单击特征树下方的"加工管理"选项标签，在加工管理面板中右击"毛坯"按钮，弹出"定义毛坯-世纪坐标系"对话框，如图 6-19 所示，系统自动设置"基准点"选项中的坐标值和大小选项中的长、宽、高。单击"确定"按钮，屏幕中显示毛坯和几何形状，如图 6-20 所示。

图 6-19　毛坯设置

图 6-20　毛坯设置

（3）单击"坐标系工具"栏中的"创建坐标系"按钮 ↓，系统提示"输入坐标原点"并显示出创建坐标系的立即菜单，选择"单点"选项，如图 6-21 所示，按【Enter】键，在弹出的输入数值文本框中输入"0，0，30"，按【Enter】键，系统提示"请输入用户坐标系名称"，选择"加工坐标系"选项，如图 6-22 所示。按【Enter】键结束操作。

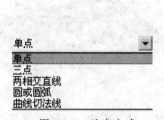

图 6-21　选点方式

图 6-22　毛坯设置图标

2. 选择加工平面

选择"平面区域粗加工"命令，或直接在"加工"工具栏中单击"平面区域粗加工"按钮 圙，弹出"平面区域粗加工"对话框，对各个选项进行设置。

（1）刀具参数。选择 $\phi 10$ 的机夹刀，刀角半径为 0.8，装刀长度为 45，如图 6-23 所示。

注意：需要双击列表中的刀具将其置为当前刀具，或单击"将刀库刀具设置为当前刀具"按钮 ▼。

（2）加工参数。设置"走刀方式"为平行加工，往复，角度为 0；"加工参数"设置为顶层高度为 1，底层高度为 0，行距为 8；"轮廓参数"设置为补偿 PAST，如图 6-24 所示。其切削用量设置如图 6-25 所示，刀具格式如图 6-26 所示。

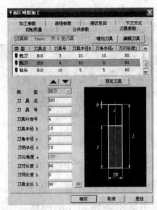

图 6-23　刀具设置　　　　　图 6-24　"平面区域粗加工"对话框

注意："轮廓参数"设置为补偿 PAST，可以使得刀具在毛坯外面下刀，避免撞刀。

（3）拾取"轮廓线"，然后拾取"岛屿线"。

3．φ10 粗加工四周外形

单击"加工"工具栏中的"区域式粗加工"按钮 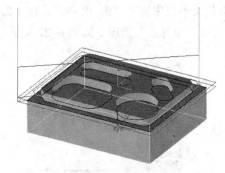，弹出图 6-27 所示的"区域式粗加工"对话框，对各个选项进行设置。

（1）刀具参数。选择上一步加工的 φ10 机夹刀，刀角半径为 0，装刀长度为 45。

（2）加工参数。设置加工方向为顺铣、行距为 6、切削模式为环切、层高为 3、行间连接方式为直线、加工边界设置最大为 0、最小为-6，其刀具路线如图 6-28 所示。

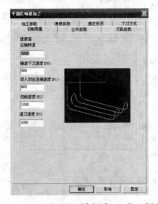

图 6-25　"平面区域粗加工"对话框

图 6-26　平面区域粗加工刀具路线

图 6-27　"区域式粗加工"对话框

图 6-28　区域式粗加工刀具路线

4. 外形精加工

单击"加工"工具栏中的"轮廓线精加工"按钮 ⬭，弹出"轮廓线精加工"对话框，对各个选项进行设置。

（1）刀具参数。选择上一步加工的φ10 机夹刀，刀角半径为 0，装刀长度为 45。

（2）加工参数。设置偏移类型为偏移、偏移方向为左、行距为 5、刀次为 1、加工边界设置最大为 0、最小为−6，如图 6−29 所示。

5. 等高线加工

单击"等高线精加工"按钮 ⬭，弹出"等高线精加工"对话框，对各个选项进行设置。层高设为 0.5，刀具半径设为 5，加工余量为 0，单击"确定"按钮，选取实体，单击"确定"按钮，结果如图 6−30 所示。

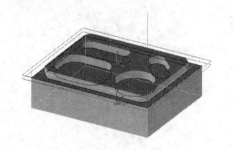

图 6−29　平面轮廓精加工　　　　　图 6−30　等高线精加工

（三）仿真加工

方法见前一章节，此处省略。

（四）后处理与 NC 程序。

方法见前一章节，此处省略。

思考与练习

1. 创建图 6−31 所示模型。

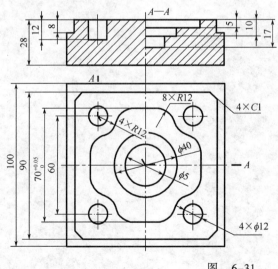
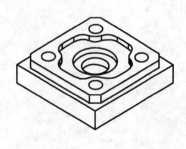

图　6−31

2. 创建图 6-32 所示模型。

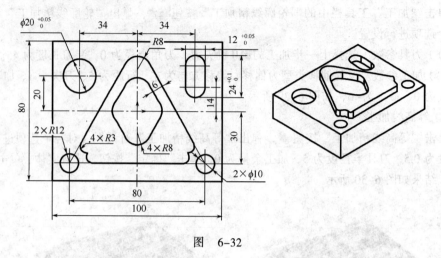

图 6-32

项目七　零件三的造型与加工

● 项目引言

本项目为典型的数控铣床三轴加工零件,在本项目中采用 CAXA 制造工程师软件绘制造型,设计加工刀路。通过此项目学习 CAXA 制造工程师造型和加工的应用方法,学习加工中的一些常用知识,熟知加工的整个操作过程。

● 能力目标

1. 熟练使用曲线工具绘制二维图形和绘制草图。
2. 使用拉伸增料、拉伸除料、旋转增料、旋转除料等方法绘制三维造型。
3. 掌握平面区域粗加工、轮廓线精加工、孔加工等常用加工刀路。
4. 能够独立完成三轴加工零件的加工。

图 7-1 所示的零件为典型的铣削加工零件,具有正面结构特征,正面有凹槽、凸台、球形曲面等。

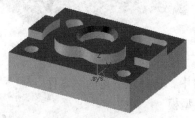

（a）零件模型

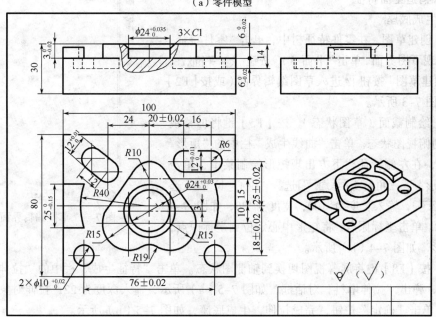

（b）图纸

图 7-1　零件三图样

造型步骤如图 7-2 所示。

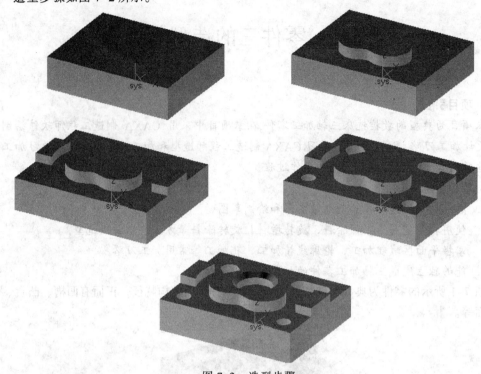

图 7-2　造型步骤

在软件界面的左侧特征树中，选择左下角的"零件特征"按钮 ⟨⟩ 零件特征，进入造型模。

一、构造正面特征

1. 生成底座

（1）创建草图。在零件特征树中，单击"零件特征"按钮，出现下图界面，单击"平面 XY"按钮 ◇ 平面XY，单击"创建草图"按钮 ⬚ 进入草图编辑界面（或按【F2】键），如图 7-3 所示。

（2）绘制截面（草图状态）。按【F5】键将屏幕视图切换到俯视图状态。单击"曲线生成"栏中的"矩形"按钮 ⬚，在左侧特征树下方出现矩形绘制菜单，单击"两点矩形"下三角箭头 两点矩形 ▾ 选择"中心_长_宽"选项 中心_长_宽 ▾，输入长度为 100，宽度为 80，如图 7-4（a）所示。单击坐标原点，将矩形中心定位到坐标原点，生成矩形，如图 7-4（b）所示。

（3）按【F8】键将屏幕视图切换到轴侧图状态。单击"特征生成"栏中的"拉伸增料"按钮 ⬚，弹出"拉伸增料"对话框，如图 7-5（a）所示，输入深度为 22，拉伸对象默认为草图 0，单击"确定"按钮，完成拉伸，生成底座，如图 7-5（b）所示。

2. 正面心形凸台

（1）单击实体上表面，选中该表面，右击"创建草图"按钮。单击"直线"按钮 ⟋，在

图 7-3　草图编辑界面

其下拉菜单中选择"水平线/铅垂线"选项，拾取坐标原点。单击"圆"按钮 ⊙，拾取坐标原点，输入半径为 12，再单击"直线"按钮 ╱，在其下拉菜单中选择"铅垂线"选项，分别拾取左、右两个圆上的端点，如图 7-6 所示。

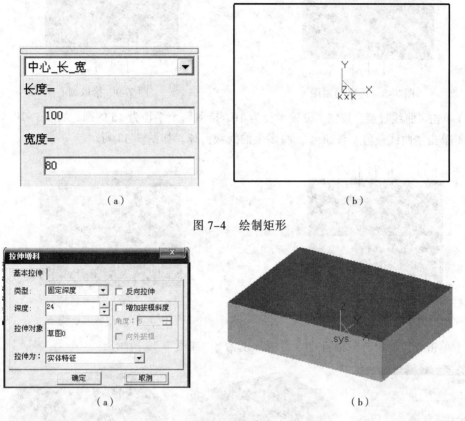

图 7-4　绘制矩形

图 7-5　生成底座

（2）单击"等距线"按钮 ⌐，输入距离为 10，拾取水平线向下偏移，在输入距离为 15，向上偏移，如图 7-7 所示。

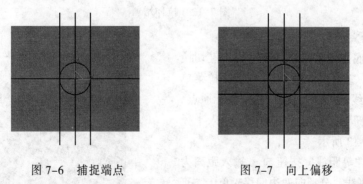

图 7-6　捕捉端点　　　　图 7-7　向上偏移

（3）再以偏移距离为 10 的两条直线交点为圆心，偏移距离为 15 的半径为圆弧，画圆。再以偏移距离为 10 的两条直线交点为圆心，偏移距离为 10 的半径为圆，如图 7-8 所示。

（4）单击"直线"按钮 ╱，在其下拉菜单中选择"两点线_单个_非正交"选项，按【Space】键，再单击圆心分别拾取两圆，如图 7-9 所示。

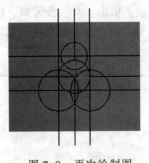

图 7-8　再次绘制图

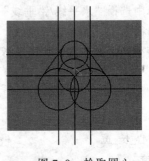

图 7-9　拾取圆心

（5）单击"曲线过渡"按钮，设置半径为 10，拾取两个半径为 15 的圆，如图 7-10 所示。

（6）单击"曲线裁剪"按钮，将多余的线裁剪掉，如图 7-11 所示。

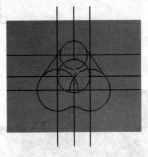

图 7-10　拾取两个圆

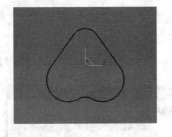

图 7-11　裁剪多余线条

（7）单击"拉伸增料"按钮，设置深度为 8，如图 7-12 所示。

（a）　　　　　　　　　　　（b）　　　　　　　　　　　（c）

图 7-12　拉伸增料

3. 左右两翼凸台

（1）单击底座创建草图，按【F5】键切换到水平。单击"直线"按钮，在其下拉菜单中选择"水平线/铅垂线"选项，拾取坐标原点。单击"圆"按钮，拾取坐标原点，输入半径为 40，如图 7-13 所示。

（2）单击"等距线"按钮，输入距离为 12.5，拾取水平线，分别向两边偏移。单击"直线"按钮，在其下拉菜单中选择"两点线_单个_正交_点方式"选项，将偏移后的两条直线连接起来，如图 7-14 所示。

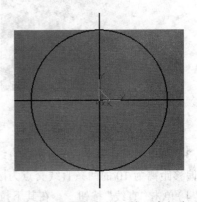

图 7-13　拾取坐标原点，输入半径为 40

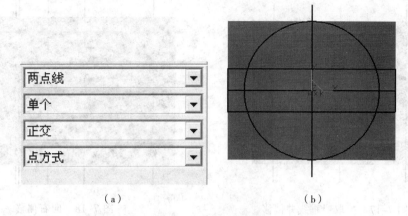

（a） （b）

图 7-14 连接直线

（3）单击"曲线裁剪"按钮 ，将多余的线裁剪掉，结果如图 7-15 所示。

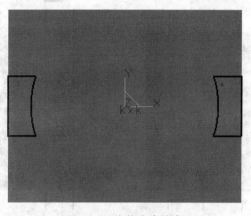

图 7-15 裁剪多余线条

（4）单击"拉伸增料"按钮 ，设置深度为 6，如图 7-16 所示。

 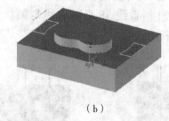 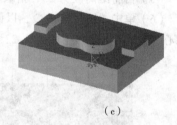

（a） （b） （c）

图 7-16 拉伸增料

4. 型腔

（1）单击底座创建草图，按【F5】键切换到水平。单击"直线"按钮 ，在其下拉菜单中选择"水平线/铅垂线"选项，单击"等距线"按钮 ，输入距离为 38，拾取铅垂线，向两边偏移，如图 7-17 所示。

（2）再输入距离为 20 向右偏移，再单击偏移后的线，将距离改为 16，向右偏移，如图 7-18 所示。

（3）将距离改为 24，拾取铅垂线向左偏移，如图 7-19 所示。

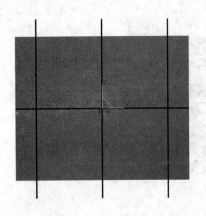

图 7-17　拾取铅垂线并偏移

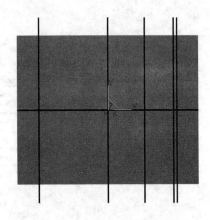

图 7-18　向右偏移

（4）将距离改为 28，拾取水平线，向下平移，如图 7-20 所示。

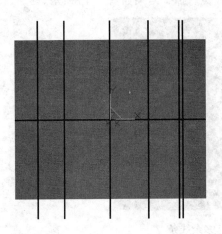

图 7-19　拾取铅垂线向左偏移

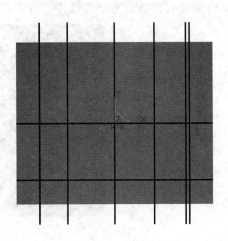

图 7-20　拾取水平线

（5）再将距离改为 25，拾取水平线向上偏移，如图 7-21 所示。

（6）单击"圆"按钮⊙，以偏移铅垂线 38 后的直线与偏移水平线 28 后的直线的交点为圆心，输入半径为 5，如图 7-22 所示。

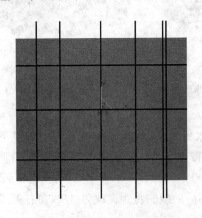

图 7-21　拾取水平线向上偏移

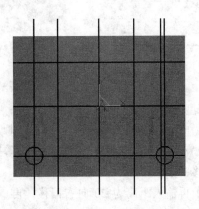

图 7-22　确定圆心并输入半径

（7）单击"圆"按钮⊙，以偏移铅垂线 20 和 16 的直线与偏移水平线 25 后的直线的交点为圆心，输入半径为 6，再将两圆连接起来，如图 7-23 所示。

（8）再以相同的方法将左边圆绘出，如图 7-24 所示。

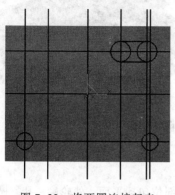

图 7-23　将两圆连接起来

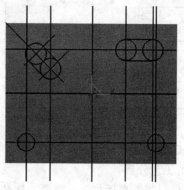

图 7-24　将左边圆绘出

（9）单击"曲线裁剪"按钮，将多余的线裁剪掉，如图 7-25 所示。

（10）单击"拉伸除料"按钮，输入深度为 8，单击"确定"按钮，如图 7-26 所示。

图 7-25　裁剪掉多余线

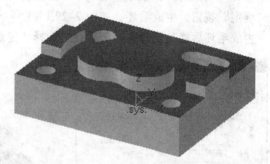

图 7-26　拉伸除料

5. 心形凹圆

（1）单击创建的心形草图，按【F5】键切换到水平状态。单击整圆，拾取原点，输入半径为 12。

（2）单击"拉伸除料"按钮，输入深度为 8，单击"确定"按钮，如图 7-27 所示。

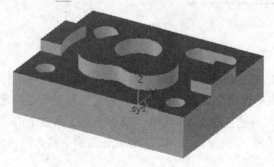

图 7-27　拉伸除料

（3）单击"倒角"按钮，输入距离为 3，拾取刚刚除料的圆，单击"确定"按钮，如图 7-28 所示。

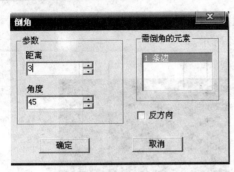

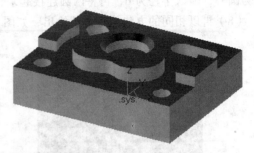

图 7-28　拾取刚刚除料的圆

二、CAM 加工

（一）工艺分析

该零件只需要单面加工，需要一次装夹，加工部位包括平面、外轮廓、孔、槽以及曲面，大部分几何形状均为二维，所以加工路线较简单。

在软件界面的左侧特征树中，单击左下角的"加工管理"按钮 [图] 加工管理，进入加工模块。

双击左侧加工管理中的"毛坯"按钮 [图] 毛坯，弹出图 7-29（a）所示对话框。在弹出的"定义毛坯-世界坐标系"对话框中选中"参照模型"单选按钮，然后单击"参照模型"按钮，单击"确定"按钮，生成毛坯，如图 7-29（b）所示。

生成毛坯后将其隐藏，右击毛坯，选择"隐藏毛坯"命令即可。

（a）

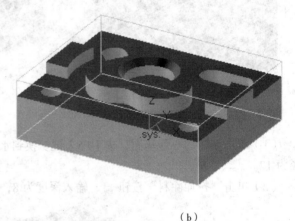

（b）

图 7-29　生成毛坯

正面加工，毛坯尺寸 100 mm×80 mm×30 mm，下面垫两块平行垫铁，平口钳夹持部位 10 mm，毛坯顶面距离平口钳钳口 20 mm 左右。加工坐标系原点设定在工件上表面的对称中心，在最高中心绘制两条垂直的线段，单击"坐标系"工具栏中的"创建坐标系"按钮 [图]，选择"两相交直线"选项，选择 X、Y 轴，并给出正方向，输入用户坐标系名称 W1，创建了加工坐标系，如表 7-1 所示。

在数控铣床上，一个或多个程序会使用同一把刀具，而在加工中心上，一个程序有时会使用多把刀具，这种刀具和程序的对应关系以及刀具的特征（例如，类型、直径、圆角半径、装刀长度等）必须通过工艺文件描述清楚，以指导机床操作者准确无误地完成加工工作。

表 7-1 装夹方案和加工坐标系设定

零件名称	零件三	装夹方案和		工序号	1
零件加工面	正面	加工坐标系设定		装夹次数	1
				夹具	名称
				1	平口钳
				2	平行垫铁
				3	T形螺栓

数控加工工艺卡如表 7-2 所示；数控加工刀具表如表 7-37 所示。

表 7-2 数控加工工艺卡

数控加工工艺卡					零件代号		零件名称	
					GJ5		零件五	
材料名称	45#	材料状态	调质	毛坯尺寸	100×80×31	坯料件数		1
设备名称	数控铣床	设备型号	XK715	备注				
工序号	工序名称	工序内容		刀具			NC 程序文件名	
1	铣削平面	正面平面铣削		ϕ20 立铣刀				
2	钻孔	钻 2 个 ϕ10 的孔		ϕ9.8 麻花钻				
3	铰孔	铰 2 个 ϕ10 的孔		ϕ10 铰刀				
4	外形精加工	外形铣削		ϕ10 铣刀				
5	中心钻	引孔		ϕ8				

表 7-3 数控加工刀具表

数控加工刀具表

工序号	刀具序号	刀 具					加工余量（XY向）/mm	切削用量		
		类型	刀具材料	直径	刀角半径	装刀长度		铣削深度/mm	主轴转速/（r/min）	进给速度/（m/min）
1	1	立铣刀（机夹）	硬质合金	ϕ20	0.8	45	0.1			
2	2	键槽刀	硬质合金	ϕ10		.30	0.1			
3	3	麻花钻	HSS	ϕ9.8		60	0.1			
4	4	中心钻	HSS	ϕ8		10	0			
5	5	铰刀	HSS	ϕ10		60	0			

（二）加工步骤

$\phi 20$ 铣刀铣削平面和粗加工四周外形。

单击"曲线生成"栏中的"相关线"按钮 ，选择"实体边界"选项，提取出反面表面的边线，作为加工的边界线。

1. 铣削平面

单击"加工"工具栏中的"平面区域粗加工"按钮 回 ，弹出"平面区域粗加工"对话框，对各个选项进行设置。

（1）刀具参数。选择 $\phi 20$ 的机夹刀，刀角半径为 0.8，装刀长度为 25。

注意：需要双击列表中的刀具将其置为当前刀具，或单击"将刀库刀具设置为当前刀具"按钮 ▼ 。

（2）加工参数。设置"走刀方式"为平行加工，往复，角度 0；"加工参数"设置为顶层高度 1，底层高度 0，行距 16；"轮廓参数"设置为补偿 PAST，如图 7-30 所示。

注意："轮廓参数"设置为补偿 PAST，可以使得刀具在毛坯外面下刀，避免撞刀。

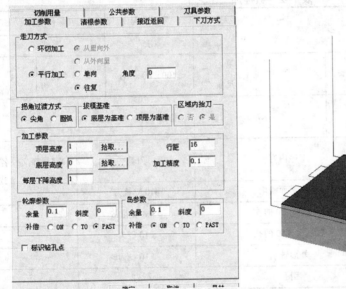
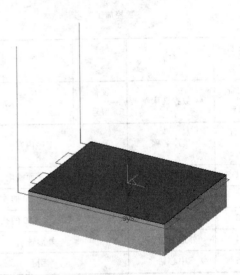

图 7-30　设置刀具参数

（3）切削用量。设置刀具参数如图 7-31 所示。设置主轴转速为 2 000 转，慢速下刀速度为 300，切入切出连接速度为 800，切削速度为 1 000，退刀速度为 1 000，如图 7-31 所示。

（4）单击"确定"按钮，拾取表面的边线作为加工的边界线，右击，生成平面铣削刀具轨迹，如图 7-32 所示。为方便下一步的加工，右击此刀具轨迹，选择"隐藏"命令，将此刀具轨迹隐藏。

2. 外形粗加工

（1）单击"等高线粗加工"按钮 ，设置加工参数 1 的层高为 1，行距为 8，环切。刀具半径为 5，刀角半径为 0，如图 7-33 所示。

（2）拾取实体，单击"确定"按钮，如图 7-34 所示。

（3）单击"等高线精加工"按钮 ，设置层高为 0.5，刀具半径设为 5，加工余量留 0，单击"确定"按钮，如图 7-35 所示。

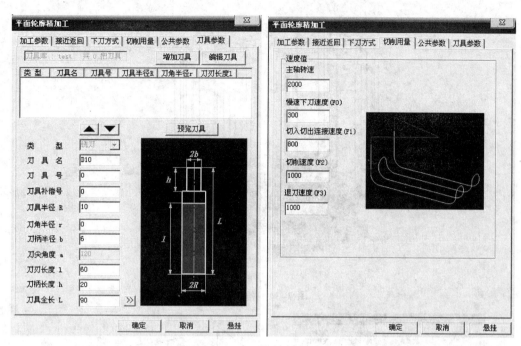

图 7-31 设置切削用量　　　　　　　　图 7-32 设置刀具轨迹

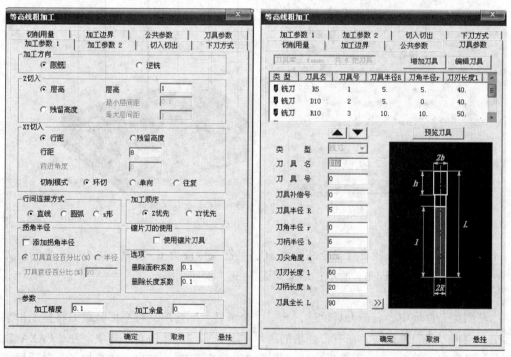

图 7-33 "等高线粗加工"对话框的参数设置

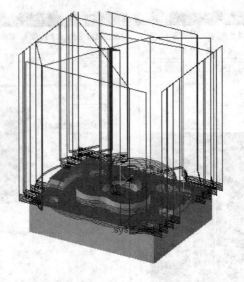

图 7-34　拾取实体

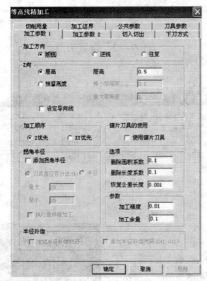

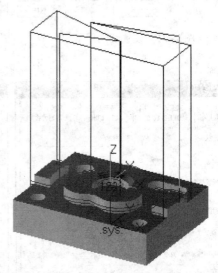

图 7-35　"等高线精加工"对话框参数设置

3. 孔的加工。

单击"孔加工"按钮设置安全高度为 10，钻孔深度设为 6，如图 6-36（a）所示；刀具半径设为 5，如图 7-36（b）所示；结果如图 7-36（c）所示。

（三）仿真加工

左侧加工管理中，右击刀具轨迹，选择"全部显示"选项，将全部隐藏刀路显示出来。选中"全部刀路"复选框，在右击弹出的菜单中，选择"实体仿真"选项。在"CAXA 轨迹仿真"界面中，单击 main 工具栏中的"仿真加工"按钮 ▇，弹出"仿真加工"对话框，单击"播放"按钮 ▶，模拟整个加工过程，模拟结果如图 7-37 所示。

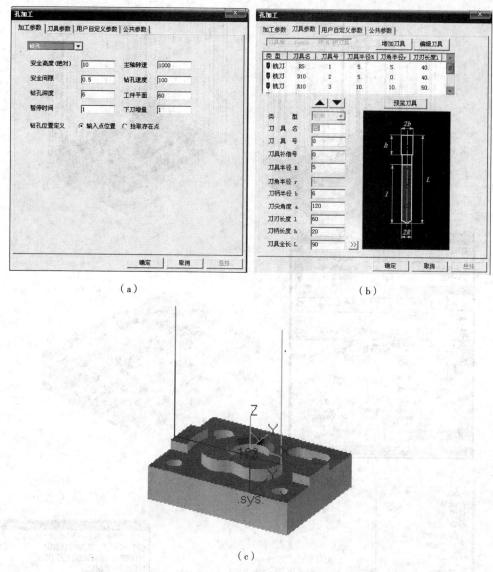

（a）　　　　　　　　　　　　　　　　（b）

（c）

图 7-36　加工孔

（四）后处理与 NC 程序

上述刀具轨迹是用 CAXA 生成的刀具中心运动轨迹，不能直接驱动数控机床加工，需要经过专门的后处理，编译产生 NC 程序，才能进行加工。每一个刀具轨迹，都可以产生一个 NC 程序，可分别对各刀具轨迹进行后处理，但同一把加工刀具的刀具轨迹应该合起来生成一个 NC 程序。

例如，ϕ20 机夹刀产生了平面区域粗加工和平面轮廓精加工两个刀具轨迹，就应该同时选取这两个刀具轨迹来生成一个 NC 程序。按住【Ctrl】键的同时，单击平面区域粗加工和轮廓线精加工两个刀具轨迹，在右击弹出的菜单中，单击"后置处理"和"生成 G 代码"按钮，输入程序名 O1，单击"保存"按钮，右击，生成程序，如图 7-38 所示。

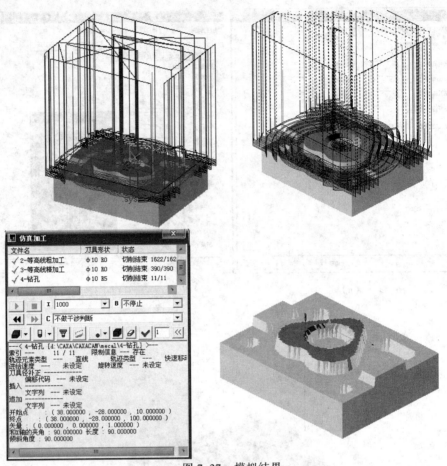

图 7-37　模拟结果

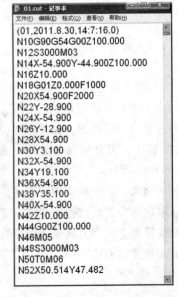

图 7-38　生成程序

思考与练习

1. 创建图 7-39 所示模型。

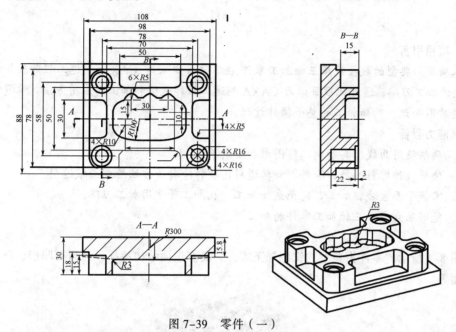

图 7-39 零件（一）

2. 创建图 7-40 所示模型。

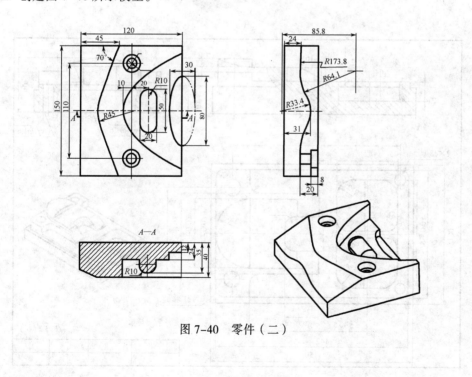

图 7-40 零件（二）

项目八　零件四的造型与加工

- **项目引言**

本项目为典型的数控铣床三轴加工零件,在本项目中采用 CAXA 制造工程师软件绘制造型,设计加工刀路。通过此项目学习 CAXA 制造工程师造型和加工的应用方法,学习加工中的一些常用知识,熟知加工的整个操作过程。

- **能力目标**

1. 熟练使用曲线工具绘制二维图形和绘制草图。
2. 使用拉伸增料、拉伸除料、旋转增料、旋转除料等方法绘制三维造型。
3. 掌握平面区域粗加工、轮廓线精加工、孔加工等常用加工刀路。
4. 能够独立完成三轴加工零件的加工。

图 8-1 所示的零件为典型的铣削加工零件,具有正面结构特征,正面有凹槽、凸台、球形曲面等。

（a）

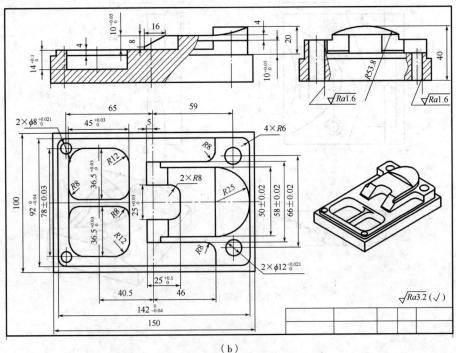

（b）

图 8-1　零件四图样

造型步骤如图 8-2 所示。

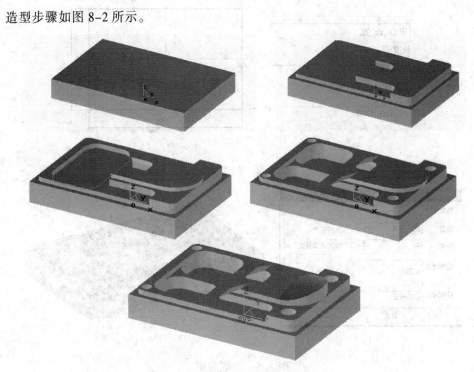

图 8-2　造型步骤

在软件界面的左侧特征树中，单击左下角的"零件特征"按钮 ▧ 零件特征，进入造型模。

一、构造正面特征

1. 创建草图

在零件特征树中，单击"零件特征"按钮，出现下图界面，单击"平面 *XY*"按钮 ◈ 平面XY，单击"创建草图"按钮 ▱ 进入草图编辑界面（或按【F2】按钮），如图 8-3 所示。

2. 绘制截面（草图状态）

按【F5】键将屏幕视图切换到俯视图状态。单击"曲线生成"栏中的"矩形"按钮 ▭，在左侧特征树下方出现矩形绘制菜单，单击"两点矩形："下三角箭头 两点矩形 ▾ 选择"中心_长_宽"选项 中心_长_宽 ▾，输入长度为 150，宽度为 100，如图 8-4（a）所示单

图 8-3　草图编辑界面

击坐标原点，将矩形中心定位到坐标原点，生成矩形，如图 8-4（b）所示。

3. 生成底座

按【F8】键将屏幕视图切换到轴侧图状态。单击"特征生成"栏中的"拉伸增料"按钮 ▧，弹出"拉伸增料"对话框，如图 8-5（a）所示。输入深度为 20，拉伸对象默认为草图 0，单击"确定"按钮，完成拉伸，生成底座，如图 8-5（b）所示。

4. 正面凸台

（1）单击实体上表面，选中该表面，右击创建"草图 1"。单击"曲线生成"栏中的"矩

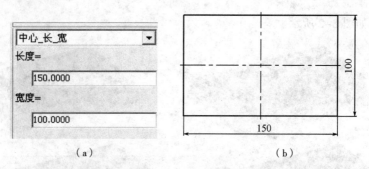

（a）　　　　　　　　　　　　　　　　　（b）

图 8-4　绘制矩形

（a）　　　　　　　　　　　　　　　　　（b）

图 8-5　生成底座

形"按钮 ▭，在左侧特征树下方出现矩形绘制菜单，单击"两点矩形"下三角箭头 两点矩形 ▾ 选择"中心_长_宽"选项 中心_长_宽，输入长度为 142，宽度为 90，单击坐标原点，将矩形中心定位到坐标原点，生成矩形，单击"曲线过渡"按钮 ┌ 出现图 8-6（a）所示菜单，将半径改为 6，结果如图 8-6（b）所示。

图 8-6　生成矩形

（2）单击"拉伸增料"按钮 ▥，设置深度设为 4，单击"确定"按钮，结果如图 8-7 所示。

图 8-7　拉伸增料

（3）单击实体上表面，选中该表面，右击创建"草图2"。单击"直线"按钮 ，选择"水平/铅垂线"选项，输入长度为150，如图8-8（a）所示；拾取中心，结果如图8-8（b）所示。

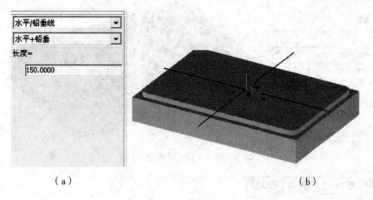

（a）　　　　　　　　　　　　　　　　（b）

图8-8　拾取中心

（4）单击"等距线"按钮 ，设置距离为46，选取铅垂线，拾取箭头向右，再将距离改为5，选取铅垂线，拾取箭头向左，距离改为25，拾取刚刚偏移过的直线，箭头向右，如图8-9所示。

（5）将距离改为12.5，拾取水平线，双向偏移，再将距离改为29，双向偏移，结果如图8-10所示。

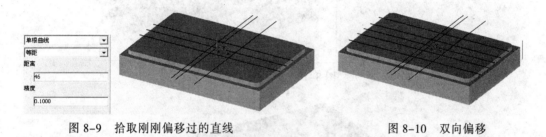

图8-9　拾取刚刚偏移过的直线　　　　　　　　　　　图8-10　双向偏移

（6）单击"曲线投影"按钮 ，拾取凸台表面，如图8-11所示。

图8-11　拾取凸台表面

（7）单击"曲线打断"按钮 ，拾取直线相交的交点。单击"曲线过渡"按钮 切换到圆弧过渡，设置半径为8，如图8-12所示。

（8）单击"曲线过渡"按钮 ，切换到尖角，拾取尖角位置，如图8-13所示。

（9）单击"删除"按钮 ，将多余的线删除，如图8-14所示。

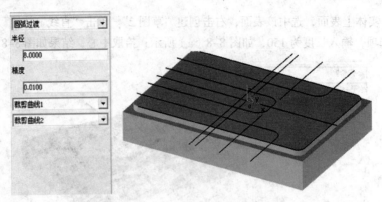

图 8-12　切换到圆弧过渡

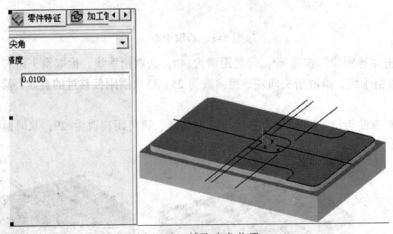

图 8-13　拾取尖角位置

图 8-14　删除多余线

（10）单击"绘制草图"按钮，退出草图编辑，单击"拉伸增料"按钮，深度改为 6，如图 8-15 所示。

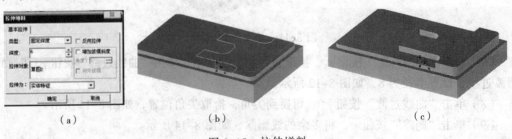

（a）　　　　　　　　　　（b）　　　　　　　　　　（c）

图 8-15　拉伸增料

（11）单击右边凸台，创建草图，单击"直线"按钮 ✎，选择"水平/铅垂线"选项，输入长度为 150，拾取中心。单击"相关线"按钮 ⚍，拾取边界。单击"等距线"按钮 ⍁，输入距离为 25，拾取水平线，双向平移，如图 8-16 所示。

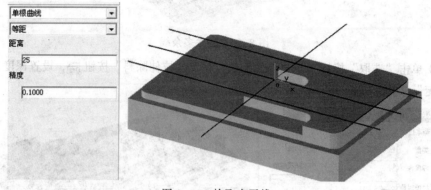

图 8-16　拾取水平线

（12）拾取边界线，单击"等距线"按钮 ⍁，输入距离为 25，单击向左箭头。单击"圆"按钮 ⊙，选择"圆心_半径"选项，选取平移后交点为圆心，输入半径为 25，画出正圆，如图 8-17 所示。

（13）单击"曲线剪裁"按钮 ⍋，将圆剪切掉，单击"曲线过渡"按钮 ⌐，选择"尖角"选项，单击"删除"按钮 ⊘，将多余线条删除，如图 8-18 所示。

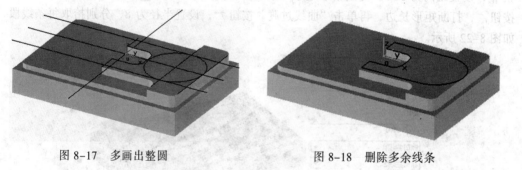

图 8-17　多画出整圆　　　　　　　图 8-18　删除多余线条

（14）单击"拉伸增料"按钮 ⬚，深度设为 4，单击"确定"按钮，如图 8-19 所示。

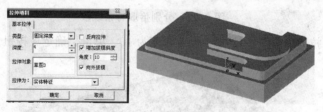

图 8-19　拉伸增料

5. 左边凹槽

（1）单击左边凸台，创建草图，单击"直线"按钮 ✎，选择"水平/铅垂线"选项，输入长度为 150，拾取中心。单击"等距线"按钮 ⍁，输入距离为 40.5，拾取铅垂线，单击箭头向左，再单击"矩形"按钮 ☐，切换选择"中心_长_宽"选项，输入长度为 45，宽度为 78，单击"曲线过渡"按钮 ⌐，输入过渡半径为 12，分别拾取长方形四条边，单击"删除"按钮 ⊘，将多余的线删除，如图 8-20 所示。

图 8-20　删除多余线

（2）单击"选取"按钮 ⬚ 退出草图编辑，单击"拉伸除料"按钮 ⬚，设置深度为 4，单击"确定"按钮，如图 8-21 所示。

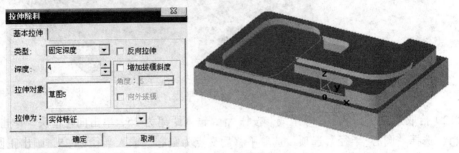

图 8-21　拉伸除料

（3）单击凹槽，创建草图，单击"相关线"按钮 ⬚，拾取凹槽边界，单击"等距线"按钮 ⬚，设置距离为 36.5，分别拾取矩形两条短边，箭头均指向矩形内部，单击"曲线过渡"按钮 ⬚，打断矩形长边，再单击"曲线过渡"按钮 ⬚，设置半径为 8，分别拾取每条线段，如图 8-22 所示。

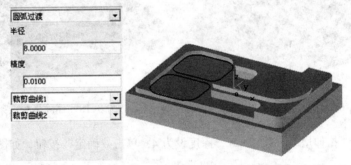

图 8-22　分别拾取每条线段

（4）单击"拉伸除料"按钮 ⬚，设置深度为 10，单击"确定"按钮，如图 8-23 所示。

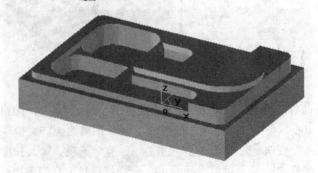

图 8-23　拉伸除料

6. 通孔

（1）单击左凸台，创建草图，单击"直线"按钮✐，选择"水平/铅垂线"选项，输入长度为150，拾取中心。单击"等距线"按钮➔，输入距离为65，拾取铅垂线，箭头向右，再输入距离为39，拾取水平线，双向平移。单击"圆"按钮⊙，选择"圆心_半径"选项，单击左边两个交点，输入半径为4，删除多余线段。单击"拉伸除料"按钮▣，将类型设置为"贯穿"，单击"确定"按钮，结果如图8-24所示。

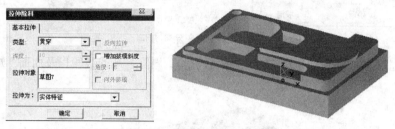

图 8-24 设置"贯穿"类型

（2）单击右凸台，创建草图，单击"直线"按钮✐，选择"水平/铅垂线"选项，输入长度为150，拾取中心。单击"等距线"按钮➔，输入距离为59，拾取铅垂线，箭头向右，再输入距离为33，拾取水平线，双向平移。单击"圆"按钮⊙，选择"圆心_半径"选项，单击左边两个交点，输入半径为5，删除多余线段。退出草图，单击"拉伸除料"按钮▣，将类型设置为"贯穿"，单击"确定"按钮，结果如图8-25所示。

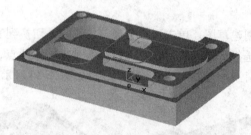

图 8-25 将类型设置成"贯穿"

7. 右端斜面

（1）将【F97】键切换坐标平面，切换到 XOZ 平面，单击"相关线"按钮✎切换到实体边界，拾取边界线，单击"等距线"按钮➔，分别将距离设为2、10，拾取边界线，箭头向上，将距离设为16，拾取左边边界线，箭头向右偏移。单击"直线"按钮✐，选择"两点线_单个_非正交"选项拾取两点。单击"扫描面"按钮▣，输入扫描距离为70，按【Space】键输入扫描方向"Y轴正方向"，如图8-26所示。

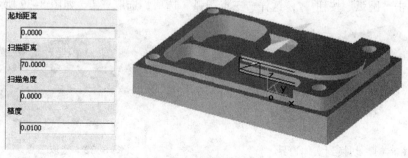

图 8-26 输入扫描方向

（2）单击"曲面裁剪"按钮 🔗，拾取斜面，改变除料方向，如图 8-27 所示。

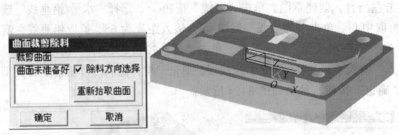

图 8-27　改变除料方向

（3）单击"确定"按钮，单击"删除"按钮 ✐，删除多余的线段以及曲面，如图 8-28 所示。

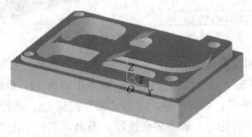

图 8-28　删除多余线段及曲面

8. 右端曲面

（1）单击右端面，创建草图。单击"相关线"按钮 🖉，切换到实体边界，拾取边界线，单击"直线"按钮 ╱，选择"两点线_单个_非正交"选项拾取两点，如图 8-29 所示。

（2）单击"拉伸增料"按钮 🔲，设置深度为 6，如图 8-30 所示。

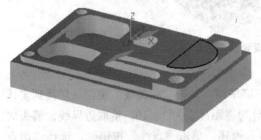

图 8-29　拾取两点

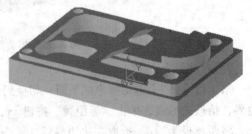

图 8-30　拉伸增料

（3）单击"相关线"按钮 🖉，切换到实体边界，如图 8-31 所示。

（4）单击"圆弧"按钮 ╱，这样"三点圆弧"选项，选取三点，如图 8-32 所示。

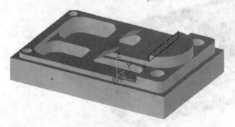

图 8-31　切换到实体边界

图 8-32　选取三点

（5）单击"直线"按钮 ╱，选择"两点线_单个_正交"选项拾取两点，如图 8-33 所示。

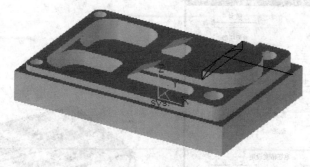

图 8-33　拾取两点

（6）单击"导动面"按钮 ，拾取水平线，再拾取圆弧线，如图 8-34 所示。

图 8-34　拾取圆弧线

（7）单击"曲面剪裁" ，拾取斜面，改变除料方向，单击"确定"按钮，如图 8-35 所示。

（8）单击"确定"按钮，单击"删除"按钮 ，删除多余的线段以及曲面，如图 8-36 所示。

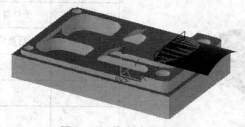

图 8-35　改变除料方向

图 8-36　删除多余线段及曲面

二、CAM 加工

（一）工艺分析

该零件只需要单面加工，需要一次装夹，加工部位包括平面、外轮廓、孔、槽以及曲面，大部分几何形状均为二维，所以加工路线较简单。

在软件界面的左侧特征树中，单击左下角的"加工管理"按钮 加工管理，进入加工模块。双击左侧加工管理中的"毛坯"按钮 毛坯，弹出图 8-37（a）所示对话框。在弹出的"定义毛坯-世界坐标系"对话框中选中"参照模型"方式，然后单击"参照模型"按钮，单击"确定"按钮，生成毛坯，如图 8-37（b）所示。生成毛坯后将其隐藏，右击毛坯，选择"隐藏"命令即可。

（a）

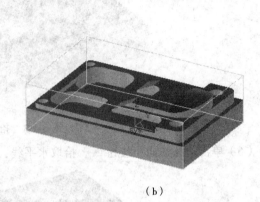

（b）

图 8-37 生成毛坯

正面加工，毛坯 150 mm × 100 mm × 34 mm 下面垫两块平行垫铁，平口钳夹持部位 5 mm，毛坯顶面距离平口钳钳口 29 mm 左右。加工坐标系原点设定在工件上表面的对称中心，在最高中心绘制两条垂直的线段，单击"坐标系"工具栏中的"创建坐标系"按钮，选择"两相交直线"选项，选择 X、Y 轴，并给出正方向，输入用户坐标系名称 W1，创建了加工坐标系，如表 8-1 所示。

表 8-1 装夹方案和加工坐标系设定

零件名称	零件四	装夹方案和	工序号	1
零件加工面	正面	加工坐标系设定	装夹次数	1
			夹具	名称
			1	平口钳
			2	平行垫铁
			3	T 形螺栓

在数控铣床上，一个或多个程序会使用同一把刀具，而在加工中心上，一个程序有时会使用多把刀具，这种刀具和程序的对应关系以及刀具的特征（例如，类型、直径、圆角半径、装刀长度等）必须通过工艺文件描述清楚，以指导机床操作者准确无误地完成加工工作。

数控加工工艺卡如表 8-2 所示；数控加工刀具表如表 8-3 所示。

（二）加工步骤

ϕ20 铣刀铣削平面和粗加工四周外形。

单击"曲线生成"栏中的"相关线"按钮，选择"实体边界"选项，提取出反面表面的边线，作为加工的边界线。

1. 铣削平面

单击"加工"工具栏中的"平面区域粗加工"按钮 圙，弹出"平面区域粗加工"对话框，对各个选项进行设置。

表 8-2 数控加工工艺卡

数控加工工艺卡				零件代号		零件名称	
				GJ5		零件五	
材料名称	45#	材料状态	调质	毛坯尺寸	150×120×41	坯料件数	1
设备名称	数控铣床	设备型号	XK715	备注			
工序号	工序名称	工序内容			刀具	NC 程序文件名	
1	铣削平面	正面平面铣削			ϕ20 立铣刀		
2	外形粗加工	142×90 外形铣削			ϕ20 立铣刀		
3	凹槽以及外形粗加工	外形加工			ϕ16 立铣刀		
4	钻孔	钻 2 个 ϕ12 的孔			ϕ11.8 麻花钻		
5	钻孔	钻 2 个 ϕ8 的孔			ϕ7.8 麻花钻		
6	铰孔	铰 2 个 ϕ12 的孔			ϕ12 铰刀		
7	铰孔	铰 2 个 ϕ8 的孔			ϕ8 铰刀		
8	外形精加工	外形铣削			ϕ10 立铣刀		
9	中心钻	引孔			ϕ8		

表 8-3 数控加工刀具表

数控加工刀具表

工序号	刀具						加工余量（XY向）	切削用量		
	刀具序号	类型	刀具材料	直径	刀角半径	装刀长度		铣削深度/mm	主轴转速/（r/min）	进给速度（m/min）
1、2	1	立铣刀（机夹）	硬质合金	ϕ20	0.8	45	0.1			
3	2	立铣刀（机夹）	硬质合金	ϕ16		30	0.1			
4、5	3	麻花钻	HSS	ϕ7、ϕ11.8		60	0.1			
6、7	4	铰刀	HSS	ϕ8、ϕ12		60	0			
8	5	立铣刀（钨钢）	硬质合金	ϕ10		28	0			
9	6	中心钻	HSS	ϕ8		10	0			

（1）刀具参数。选择 ϕ20 的机夹刀，刀角半径为 0.8，装刀长度为 45，如图 8-39 所示。

注意：需要双击列表中的刀具将其置为当前刀具，或单击"将刀库刀具设置为当前刀具"按钮 ▼。

（2）加工参数。设置"走刀方式"为平行加工，往复，角度 0；加工参数设置为顶层高度 1，底层高度 0，行距 16；轮廓参数设置为补偿 PAST，如图 8-38 所示。参数如图 8-39 所示。

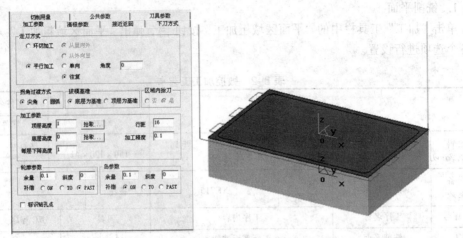

图 8-38　设置加工参数

注意："轮廓参数"设置为补偿 PAST，可以使得刀具在毛坯外面下刀，避免撞刀。

（3）切削用量。主轴转速为 2 000 转，慢速下刀速度为 300，切入切出连接速度为 800，切削速度为 1 000，退刀速度为 1 000，如图 8-40 所示。

（4）单击"确定"按钮，拾取表面的边线作为加工的边界线，右击，生成平面铣削刀具轨迹，为方便下一步的加工，右击此刀具轨迹，选择"隐藏"命令，将此刀具轨迹隐藏。

2. 外形粗加工

单击"加工"工具栏中的"平面轮廓精加工"按钮 ，弹出"平面轮廓精加工"对话框，对各个选项进行设置。

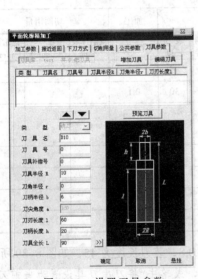

图 8-39　设置刀具参数

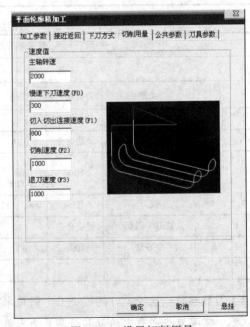

图 8-40　设置切削用量

（1）刀具参数。选择上一步加工的 φ20 机夹刀，刀角半径 0，装刀长度 45。

（2）加工参数。顶层高度为 0，底层高度为-14，每层下降高度为 2，拐角过渡方式为圆弧，走刀方式为往复，轮廓补偿为 TO，行距定义方式：行距方式为行距 16。加工余量为

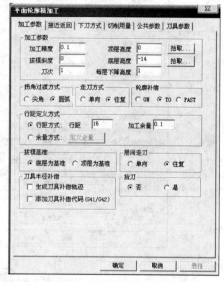

0.1，层间走刀为往复，抬刀为否，如图 8-41 所示。

（3）设置"接近方式"，圆弧：半径"15"，转角"0"，延长量"0"。"返回方式"：圆弧：半径"15"，转角"0"，延长量"0"，单击"确定"按钮，如图 8-42 所示。

（4）单击"等高线粗加工"按钮 ，加工方向：顺铣。层高设为"1"，行距设为"8"，切削模式：环切，行间连接方式：直线，加工余量"0.1"，单击"确定"按钮，如图 8-43 所示。

（5）单击"等高线精加工"按钮 ，层高设为"0.5"，刀具半径设为"5"，单击"确定"按钮，如图 8-44 所示。

（三）仿真加工

左侧加工管理中，右击刀具轨迹，单击"全部显示"按钮，将全部隐藏刀路显示出来。选中"全部刀路"复选框，在右击弹出的菜单中，单击"实体仿真"按钮。在"CAXA 轨迹仿真"界面中，单击 main 工具栏中的"仿真加工"图标 ，弹出"仿真加工"对话框，单击"播放"按钮 ，模拟整个加工过程，模拟结果如图 8-45 所示。

图 8-41　设置加工参数

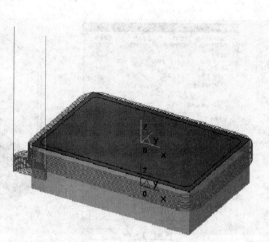

图 8-42　平面轮廓精加工

（四）后处理与 NC 程序

上述刀具轨迹是用 CAXA 生成的刀具中心运动轨迹，不能直接驱动数控机床加工，需要经过专门的后处理，编译产生 NC 程序，才能进行加工。每一个刀具轨迹，都可以产生一个 NC 程序，可分别对各刀具轨迹进行后处理，但同一把加工刀具的刀具轨迹应该合起来生成一个 NC 程序。

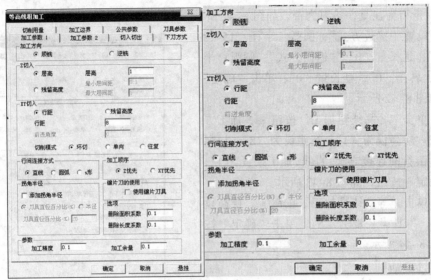

图 8-43　等高线粗加工

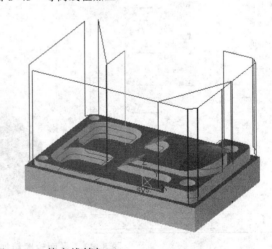

图 8-44　等高线精加工

　　例如，$\phi20$ 机夹刀产生了平面区域粗加工和平面轮廓精加工两个刀具轨迹，就应该同时选取这两个刀具轨迹来生成一个 NC 程序。按住【Ctrl】键的同时，单击选择平面区域粗加工和轮廓线精加工两个刀具轨迹，在右击弹出的菜单中，单击"后置处理"和"生成 G 代码"按钮 后置处理(P)　▶　生成 G 代码，输入程序名 O1，单击"保存"按钮，右击，生成程序，如图 8-46 所示。

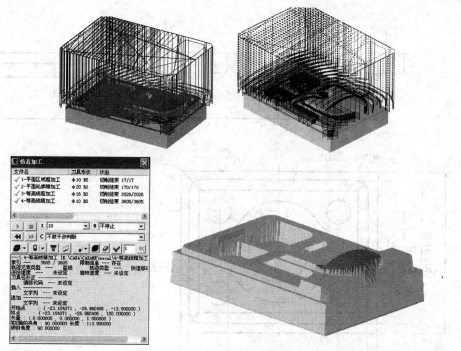

图 8-45 仿真加工及结果

图 8-46 生成程序

思考与练习

1. 创建图 8-47 所示模型。

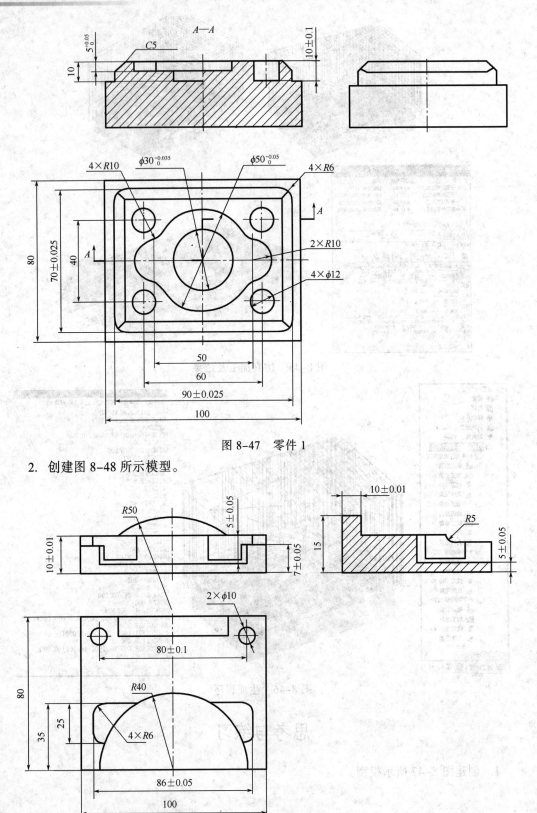

图 8-47　零件 1

2. 创建图 8-48 所示模型。

图 8-48　零件 2